BIO-related Intellectual Property
Basic Course

バイオ知財入門

―技術の基礎から特許戦略まで―

Technology and Patent Strategy

[編著]
森　康晃

[著]
秋元　浩
河原林 裕
木山 亮一
高島　一

三和書籍

はじめに

1. バイオテクノロジーと知的財産の双方を学ぶ意義

　バイオテクノロジーは，産業応用面においても，自然科学のあらゆる分野に及んでおり，いかなる技術の専門分野の人にも必要となっています．たとえば，生命科学と情報科学を結び付けたバイオインフォマティックスも産業応用面で不可欠な技術となっています．薬品や化粧品，食品などバイオテクノロジーに関連する産業ではもちろんのこと，今まで「生物」と全くかけ離れたさまざまな産業分野で活躍する社会人にとってもますます重要になっていくことは間違いないでしょう．

　また，バイオテクノロジーといっても非常に多岐にわたっています．人間の健康や生活の快適さを向上させる産業の発展のために，自然科学を応用した化学物質や動植物，微生物の利用は歴史上古くから行われてきました．近年は，遺伝子工学の発展により，患者の体質に合った医療や予防医療も進んでいます．さらに，ヒトなどの遺伝子によってiPS細胞という自分の遺伝子から多能な細胞を作り出すことが実験で可能になり，皮膚，脊椎や臓器などが再生できることがわかり，この分野の研究では日本も世界をリードしていくために研究開発や知的財産権の確保に国を挙げて重点的に取り組んでいます．以上のようにバイオテクノロジーを開発し，それを産業社会に活用していくためには，技術とともに特許を中心とする知的財産権を学んでいくことが不可欠になってきています．

2. 本書の特徴

　現代社会においては，特許を中心とする知的財産権で保護されることにより企業は安心してビジネスに取り組めます．動産や不動産と違って技術は他者に盗まれてもわかりにくいものであり，せっかく苦労してもタダ取りされてしまえば，技術革新を起こす気力が失われてしまいます．そのために特許などの知的財産権が国によって法律で定められ，一定の独占排他権が与えられています．しかし，国が特許などの知的財産権制度で保護してくれるといっても，自分が何もしなければ国は何もしてくれません．この制度を活用するには，特許出願などの一定の手続きが必要になります．また，特許などの知的財産権が得られても，それをどう活用するか，権利が侵害された場合や権利侵害だとクレームをつけられた場合にどのように対処したらいいのか，などの活用法について理解していないとムダになってしまいます．また，一般的な知財の仕組みと比べてバイオテクノロジーについては，いくつかの特徴があります．

　以上の観点から本書の執筆においては，製薬企業等の知財戦略の特徴や

特許事務所における明細書の実践的ノウハウ等の実務に有益と思われるバイオテクノロジーの分野に特徴的な事例をとりあげました．さらに，バイオテクノロジーは，基礎研究から応用研究までの谷間が他の技術分野よりも大きいといわれ，ベンチャーに期待される要素が大きいので，本書では，バイオベンチャーについて複数の章を設けて詳しく解説しています．

3．本書の使い方

本書は，バイオテクノロジーの基本とバイオ分野の知的財産に関する問題を解説する標準的な教科書として編集したものです．理工系でも「生物」をほとんど学んでいない学生や，法学部などで知財を学ぶ文系の学生も理解できるよう平易な解説を行いました．入門書ではありますが，理工系大学の4年生が学んでおく内容を盛り込んでいます．

まず，各項目の一番上の囲みにおいて，学ぶべき課題の要点をまとめています．本文横のキーワードには，重要なポイントとさらに必要な追加事項がまとめてあります．Q&Aは，本文の理解度の向上と確認のために役立ててください．また，各章の内容に関する興味がわくように，コラムをできるだけ多く付けてあります．コラムにも，本文を理解する上で役に立つヒントがありますので，活用してください．

4．本書の執筆分担

本書は，編者のほか，以下の専門家によって分担執筆しています．技術編は，独立行政法人・産業技術総合研究所の主任研究員である木山亮一氏，河原林裕氏，知財編は，編者のほか，知的財産戦略ネットワーク㈱代表取締役社長である秋元浩氏，バイオテクノロジー専門の弁理士で高島国際特許事務所所長の高島一氏です．項目別の執筆分担は以下のとおりです．

＜執筆分担＞

秋元：6章 /34,35,36

河原林：1章 /5,6,7,8,9　2章 /10,11,12,13,14　4章 /30　6章 37,38

木山：1章 /1,2,3,4　3章 /15,16,17,18,19,20,21,22　6章 /39,40,41

高島：5章 /31,32,33

森：4章 /23,24,25,26,27,28,29　6章 /42

編者として

2010年1月

森　康晃

バイオ知財入門　目次

＜技術編＞　バイオテクノロジーの基礎

1章　バイオ創薬と生命

1　バイオテクノロジーの概要 ……… 5
　1）バイオテクノロジーの歴史
　2）バイオテクノロジーの応用分野
　3）将来のバイオテクノロジー
　Q&A　Q1：身近にあるバイオテクノロジー製品は？
　Q&A　Q2：20世紀にバイオテクノロジーが発達した理由は？
　Q&A　Q3：バイオテクノロジーの基本技術のクローニング法とは？

2　バイオ創薬 ……… 9
　1）バイオ創薬とは
　2）動物を利用した創薬
　3）植物を利用した創薬
　Q&A　Q1：新薬開発には遺伝子の探索がなぜ必要なのか．
　Q&A　Q2：薬（医薬品）とトクホ（特保）の違いは？
　❖ **コラム**　新薬開発のプロセス

3　バイオ医薬品 ……… 14
　1）バイオ医薬品
　2）タミフル
　3）その他のバイオ医薬品
　Q&A　Q1：スタチン製剤とは何か．
　Q&A　Q2：抗体医薬とは何か．

4　ゲノム創薬 ……… 18
　1）ゲノム創薬とは
　2）グリベック
　3）将来のゲノム創薬
　Q&A　Q1：ゲノム関係のデータベースにはどのようなものがあるか．
　Q&A　Q2：SNPは個別化医療にどのように使われるか．
　Q&A　Q3：細胞の癌化とアポトーシスとの関係は？

❖ **コラム** グリベックの作用

5 生命の発生以前 — 24
1) 生命の基礎となる有機物
2) 生命に必要な3つの有機物
3) 生命活動の源となるエネルギー

Q&A Q1：生命に必要な物質は何か．
Q&A Q2：生命にとって有機物の果たす役割は何か．

❖ **コラム** 生命の始まりは高温か

6 生命をつかさどる物質の基礎 — 29
1) 生命の誕生
2) 生命の進化
3) 物質を通した生命情報の流れ

Q&A Q1：生命の誕生はいつ頃か．
Q&A Q2：生物の進化はどうして起こるのか．
Q&A Q3：オスとメスができた理由は？

❖ **コラム** 生命の起源研究とソ連の研究者

7 人類と生物との関わり合い — 34
1) 生物の利用
2) 生物の能力の源
3) 生物と微生物の関係

Q&A Q1：最も有名な共生関係は何か．
Q&A Q2：植物が有する抗菌作用は何に由来するか．
Q&A Q3：共生関係はお互いに何をもたらすか．

❖ **コラム** 役立つ共生

8 人類と微生物との関わり — 38
1) 微生物の食品での利用
2) 微生物の染料での利用
3) 微生物の発見

Q&A Q1：食品でもっともよく用いられている微生物は何か．
Q&A Q2：上にあげた以外で，微生物を利用した食品はあるか．
Q&A Q3：微生物を見つけるために用いられたものは何か．

❖ **コラム** 納豆に見る先人の知恵

9 環境と微生物 — 43
1) さまざまな環境と環境へのアプローチ
2) 特殊環境と微生物
3) 未培養微生物

- **Q&A** Q1：環境中から得た遺伝子情報でも特許は獲得できるか．
- **Q&A** Q2：食品の放射線滅菌処理でも生き残っていた菌はどのような菌か．
- **Q&A** Q3：これまでの，環境からの遺伝子情報の獲得の例はどのようなものか．
- ❖ **コラム** 環境からの遺伝子情報の獲得

2章　ゲノム解析と組換えDNA

10　ゲノム解析とは 51
1) ゲノム解析の対象
2) 対象のちがいによるゲノム解析の戦略
3) ゲノム解析の実際
- **Q&A** Q1：ゲノムサイズの大小によりゲノム解析の戦略はどうちがうのか．
- **Q&A** Q2：ショットガン法で重要なことは何か．
- **Q&A** Q3：ゲノム解析の最終段階で行うことは何か．
- ❖ **コラム** 最初のゲノム解析と生物学へのインパクト

11　ゲノム情報から判明すること 57
1) 塩基配列から判明すること
2) 遺伝子情報から判明すること
3) ゲノム情報の比較
- **Q&A** Q1：塩基配列がそのまま機能する遺伝子は何か．
- **Q&A** Q2：タンパク質の配列情報はなぜ重要なのか．
- **Q&A** Q3：タンパク質の機能はどのように推定されるのか．
- ❖ **コラム** 配列比較による機能推定の落とし穴

12　組換えDNAの基礎 62
1) 組換えDNAへの基盤
2) 組換えDNAに用いるツール
3) 組換えDNA技術の原理と応用
- **Q&A** Q1：組換えDNA技術は，特許化されたのか．
- **Q&A** Q2：組換えDNA技術によって生物学は変わったのか．
- ❖ **コラム** DNAを切断するハサミ―制限酵素

13　塩基配列解読法 67
1) RNAによる分析法
2) マクサム・ギルバート法
3) サンガー法
- **Q&A** Q1：現在主流の塩基配列解読手法は何か．
- **Q&A** Q2：2本鎖DNAのアニーリングとは何か．

目次

❖ **コラム** サンガーとノーベル賞

14 最新の塩基配列解読手法について ……………………………… 72
1) キャピラリーシーケンサー
2) パイロシーケンシング
3) 次世代シーケンサー
Q&A Q1：次世代シーケンサーにより一度に解読できる塩基配列は？
Q&A Q2：次世代シーケンサーの用途は？
Q&A Q3：塩基配列解読の高速化による波及効果は？
❖ **コラム** 次世代シーケンサーはバイオの世界をどう変えるか

3章　バイオテクノロジーの応用

15 ゲノム情報の利用 ……………………………………………… 79
1) 遺伝子とゲノム
2) ゲノム情報の利用技術
3) DNAチップ
Q&A Q1：なぜゲノム情報が重要なのか．
Q&A Q2：なぜ遺伝子研究では「オーム」のつく言葉を使うのか．
Q&A Q3：診断用DNAチップとは？

16 遺伝情報の利用 ………………………………………………… 84
1) 遺伝子データベース
2) 遺伝情報と保険
3) 遺伝子に関する特許
❖ **コラム** 健康保険データベース

17 遺伝子診断・遺伝子治療 ……………………………………… 88
1) 遺伝子診断
2) 倫理的問題点
3) 将来の遺伝子診断・遺伝子治療
Q&A Q1：DNAを利用した犯罪捜査とは？
Q&A Q2：遺伝子治療と再生医療の関係は？
Q&A Q3：遺伝子治療の技術的問題点は？

18 遺伝子組換え作物 ……………………………………………… 93
1) 遺伝子組換え作物とは
2) 遺伝子組換え作物の例
3) 遺伝子組換え作物の課題
❖ **コラム** ラウンドアップ・レディ・ダイズ

19　個別化医療　　96
1）個別化医療とは
2）個別化医療の例
3）将来の個別化医療
- ❖ **コラム**　一塩基多型

20　再生医療　　100
1）再生医療の歴史
2）iPS 細胞
3）将来の再生医療
- **Q&A**　Q1：組織により再生医療の開発段階が異なるのはなぜ？
- **Q&A**　Q2：組織を再生するときの問題点は？
- **Q&A**　Q3：再生医療の倫理的な問題は？

21　癌とバイオテクノロジー　　105
1）癌化のメカニズム
2）癌の遺伝子治療
3）将来の癌治療
- **Q&A**　Q1：癌対策はなぜ重要か．
- **Q&A**　Q2：遺伝子診断は癌治療にどのように利用されるのか．

22　環境とバイオテクノロジー　　110
1）環境ホルモンとは
2）環境ホルモンの試験法
3）化学物質管理
- ❖ **コラム**　ダイオキシン分解酵素

＜知財編＞　バイオ特許

4 章　特許の仕組みとバイオ特許

23　バイオ特許と知財戦略　　119
1）バイオ知財戦略をめぐる世界の状況
2）国際標準化と絡めた知財戦略の重要性

3）バイオ特許の特徴
　　Q&A　Q1：特許をとるメリット，デメリットは何か．
　　Q&A　Q2：特許戦略の基本は何か．
　　Q&A　Q3：特許を持っていれば，特許侵害を受けた場合に必ず勝てるのか．
　　❖ **コラム**　特許の歴史とプロ・パテント

24　特許制度の仕組み　　　124
　　1）特許制度は何のためにあるか？
　　2）発明を特許にするためのプロセス
　　Q&A　Q1：日本以外の国で特許をとる必要がある場合，どこの国でとるかの基準は何か．
　　Q&A　Q2：特許出願をするかしないか，審査請求をするかしないか，判断の理由は何か．
　　Q&A　Q3：審査請求を早期に行うことや，出願公開を早期に行うことを特許庁に要求することができるか．また，その理由は何か．
　　❖ **コラム**　日本のバイオ特許の世界との比較

25　外国特許をとる基本的な仕組み　　　129
　　1）各国の産業政策の利害と知的財産権制度
　　2）海外で特許を取得する仕組み
　　3）米国特許法の問題点
　　Q&A　Q1：外国出願するためには，どういう方法があるか．
　　Q&A　Q2：外国出願する場合，パリ条約ルートとPCTルートのどちらを選べばいいか．
　　❖ **コラム**　米国特許法についての注意事項

26　特許出願　　　135
　　1）出願日と新規性の時点基準
　　2）新規性喪失の例外（グレース・ペリオド）
　　3）国内優先権
　　4）試験・研究の例外規定の解釈
　　Q&A　Q1：新規性の判断，先願・後願の判断の時点の基準は何か．
　　Q&A　Q2：発表と特許出願の関係において注意すべきことは何か．
　　Q&A　Q3：大学の研究において，他人の特許は使っても許されるのか．
　　（参考）特許手続き
　　　1．特許出願に必要な書類は何か．
　　　2．出願人と発明者の違い？
　　❖ **コラム**　2002年「知財元年」—知的財産の創造・保護・活用「フェーズ」

27　職務発明　　　142
　　1）発明者と職務発明
　　2）会社側の立場と「相当の対価」
　　3）大学における職務発明

- **Q&A** Q1：会社で自動車のエンジン開発を担当している研究者が，自分の業務範囲以外である健康食品（例）の成分について発明を行った場合，職務発明か．
- **Q&A** Q2：企業や大学の研究者として発明を行った場合，職務発明の重要なポイントを挙げよ．
- **Q&A** Q3：大学において，大学院生・学生やポスドクの発明は，職務発明になるのか．
- ❖ コラム　職務発明の問題の背景

28　特許性の基準 ……………………………………………………… 148
1) 「発明」と「発見」の違い
2) 「物の発明」と「方法の発明」の分類
3) 自然法則を利用した技術
- **Q&A** Q1：特許をとるのに必要な条件は何か．
- **Q&A** Q2：すでにある化学物質や微生物などについて特許がある場合に，誰かが新たな用途を発見し，産業上利用できるような発明にしたら特許は認められるか．
- ❖ コラム　科学か，技術か？　特許をどこまで優先させるか　―実現しなかった種なしブドウに関する基本特許

29　バイオ分野の特許（化学物質と生物関連発明）の種類と概要 ………… 154
1) 化学物質の特許が認められた経緯
2) バイオ分野の特許の種類
3) 微生物に関する特許についての寄託制度
- **Q&A** Q1：なぜ微生物や遺伝子などもともと自然に存在するものに特許が与えられるのか．
- **Q&A** Q2：農産物など植物の新品種について種苗法があるが，特許や商標との関係はどうなっているのか．

30　塩基配列解読手法の進歩と特許 ……………………………………… 159
1) 酵素の進歩
2) 検出法の進歩
3) 分離法の進歩
- **Q&A** Q1：サンガー法で初期に用いられる酵素は何か．
- **Q&A** Q2：蛍光色素を塩基配列解読に用いることで，どの点が変わったのか．
- **Q&A** Q3：キャピラリーによる解読の利点は何か．
- ❖ コラム　キャピラリーDNA自動シーケンサーと日本の技術

5章　特許性をめぐる新論点と明細書記載の実践例

31　iPS細胞とES細胞の特許 ……………………………………………… 167
1) ヒトES細胞と生命倫理
2) パイオニア発明としてのiPS細胞特許

3) ヒト ES 細胞研究の立ち遅れと iPS 細胞特許
- **Q&A** Q1：日本では，ヒト ES 細胞に関する発明は特許になるか．
- **Q&A** Q2：iPS 細胞と ES 細胞とは区別できるか．
- **Q&A** Q3：マウスやサルの ES 細胞の研究成果はヒト iPS 細胞の分化誘導に使用できないのか．
- ❖ **コラム**　パイオニア発明の明暗　なぜ「i」PS？

32　明細書・特許請求の範囲の記載 ……………………………………… 173
1) 明細書の目的
2) 明細書・特許請求の具体例
3) 明細書の構成
4) 特許請求の範囲

33　明細書の記載に関する判決事例 ……………………………………… 187
1) アシクロビル事件
2) アシクロビル事件の教示
- ❖ **コラム**　消尽論とは

6章　バイオ特許の特徴と特有の問題点

34　バイオ特許の特徴と特有の問題点 …………………………………… 193
1) リサーチツール特許とリーチスルーライセンスについて
2) バイオ関連特許について
3) バイオに関するライセンス契約の特徴と注意点
4) リサーチツール特許及びリーチスルーライセンスに関するいくつかの判例
5) バイオ特許に関するいくつかの代表的なライセンス事例

35　医療行為と特許 ………………………………………………………… 200
- **Q&A** Q1：医療行為自体が産業であるのか，また，今後，医療関連行為に関して，特許を与えるべきか．

36　医薬品業界と特許 ……………………………………………………… 210
- **Q&A** Q1：製薬企業の知的財産活動の評価はどのように行うのか（たとえば，15年前の研究開発成果でようやく利益が出るとか，現在支払うコストは将来に向けてのコストにつながると見るべきかどうかなど判断が難しい）．また，事業評価で，最終的にはお金で集約されると思うが，その場合の評価方法は？
- **Q&A** Q2：知財，知的資産，技術のテクノロジーマネジメントはインプットもアウトプットもオープンにして早い段階で割安に外から買えるものは買う，そして内部で開発したものも外により高い収益モデルがあるならアライアンスを組むというオープンイノベーションという考え方がある．このようなオープンイノベーションの考

え方について，医薬品業界としてはどうか．
- ❖ **コラム** いまだ残されている知財に関する諸課題

37　バイオを用いたベンチャーの基礎　　216
1) ベンチャー起業の条件
2) ベンチャー発展に必要なしくみ
3) ベンチャー企業を支える社会的条件
- **Q&A** Q1：ベンチャー起業に必要なものは何か．
- **Q&A** Q2：ベンチャー企業の成功とは何か．
- ❖ **コラム** バイオベンチャー企業の成功とは

38　バイオベンチャー企業の実例　　221
1) 日本のベンチャー企業
2) 海外のベンチャー企業の実例
3) ベンチャー企業育成のために必要な条件
- **Q&A** Q1：ベンチャー企業の中で従業員に意欲を持たせる最も良い施策は何か．
- **Q&A** Q2：Genentech 社の例では，開発した医薬品をどのようにして製品化したか．
- ❖ **コラム** 日本における医療の将来

39　バイオイノベーションの評価　　227
1) バイオ分野の技術評価
2) ノーベル賞
3) ノーベル賞と科学力
- **Q&A** Q1：バイオイノベーションの例はどのようなものがあるか．
- **Q&A** Q2：ノーベル賞に近い分野とは？
- **Q&A** Q3：ノーベル賞がカバーできない分野とは？
- ❖ **コラム** ノーベル賞受賞者の年齢

40　ベンチャー政策　　231
1) ベンチャー政策の歴史
2) 産学連携
3) ベンチャーキャピタル
- **Q&A** Q1：我が国と米国におけるベンチャー企業支援の違いは？
- **Q&A** Q2：大学発ベンチャーに必要な支援とは？
- **Q&A** Q3：大学発ベンチャーに対する期待はどこにあるか．

41　バイオベンチャー　　235
1) アカデミックベンチャー
2) 創薬ベンチャー
3) バイオベンチャーの問題点
- **Q&A** Q1：1960 年代から 80 年代にかけてベンチャー企業創出が低迷した理由は？

Q&A Q2：創薬ベンチャーの抱える問題点とは？

Q&A Q3：ベンチャー企業と大手企業の関係はどうあるべきか．

42　知的財産における南北問題（先進国と途上国の対立・調整の問題） 240
1）知的財産における「南北問題」の所在
2）生物多様性条約と知的財産の問題
3）バイオ知財の南北問題における WTO・TRIPS 協定の意義
参考：「生物の多様性に関する条約」要旨
❖ **コラム**　バイオ・パイラシー　—生物資源の盗賊行為とは

索引 251

著者紹介 256

＜技術編＞
バイオテクノロジーの基礎

1章　バイオ創薬と生命

1 バイオテクノロジーの概要

- ❖ バイオテクノロジーは生物の有する高度な機能を人間の活動に役立てる技術.
- ❖ 有用物質の生産,微生物などの創出,診断・治療,測定・情報伝達技術などに利用されている.
- ❖ 将来は,遺伝子組換え生物,バイオマス,バイオレメディエーション,再生医療などへの利用が進むと考えられている.

1) バイオテクノロジーの歴史

 「バイオテクノロジー」は「バイオロジー(生物学)」と「テクノロジー(技術)」から作られた言葉で,生物が有する高度な機能を人間の活動に役立てる技術のことです.生物が有する高度な機能とは,物質の変換能,情報変換・処理・伝達機能,エネルギー変換機能などです.

 バイオテクノロジーの中でもいわゆるオールドバイオは,1万年前の稲の栽培技術の開発にまで遡ることができます.その後,作物の品種改良,カビ,細菌,酵母などを利用した酒,味噌,醤油,納豆,チーズの醗酵・醸造技術が開発されました.さらにアミノ酸,アルコール,クエン酸,抗生物質などの生産技術などにも利用されています.

 一方で,20世紀後半以降に発達したバイオテクノロジーをニューバイオと呼びます.ニューバイオは,遺伝やゲノムの研究と密接に関わりながら発達してきました.メンデルによる遺

伝の法則の発見（1866 年），ミーシャによる遺伝子の本体であるDNAの発見（1869 年），ヴィンクラーによるゲノムの概念の提唱（1920 年），ワトソンとクリックによるDNAの二重らせん構造の解明（1953 年）がニューバイオの発展の礎となる重要な出来事です．これらの知見は1970年代以降の技術開発に利用され，組換えDNA技術（バーグ等，1972 年），クローニング法の開発（ボイヤー等，1973 年），DNA塩基配列の決定法（サンガー及びギルバート等，1973〜77 年），PCR法（マリス等，1983 年）が開発されました．応用分野としては，1988年にアメリカではじめて遺伝子治療が行われ，1989年にはDNAチップの基本技術がアメリカで開発されました．また，1995年にはクローンヒツジがイギリスで初めて作られました．

> **key word**
>
> クローニング：
> 遺伝子構成が同一の個体，細胞や遺伝子の集団（クローン）を作り出すこと．

2) バイオテクノロジーの応用分野

バイオテクノロジーはさまざまな分野において利用されています．まず，生物化学的プロセス（有用物質の生産，エネルギーの発生，環境浄化など）の分野で利用されています．2 番

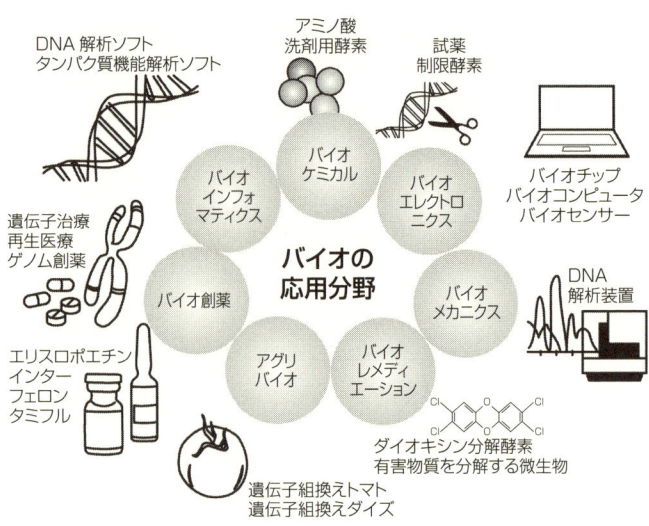

[図 1.1] バイオテクノロジーの応用分野

目にはすぐれた新機能を持つ物質（例えば酵素など），あるいは，微生物，動植物の創出などがあります．3番目に，高度な生命現象の利用（例えば遺伝子治療，診断技術，人工臓器など）に関する分野があります．4番目として，バイオセンサーやバイオコンピュータなど，生物の機能を利用あるいは模倣した鋭敏かつ特異性の高い測定・情報伝達技術の研究があります．最後に生命や遺伝子の解明に関わる基礎研究の分野です．

> **key word**
> バイオセンサー：酵素などの生化学物質が基質などの特定物質と反応する性質を利用して物質の検出と定量を行う装置のこと．

3）将来のバイオテクノロジー

今後重要になるバイオテクノロジーの応用分野は，農薬耐性などを遺伝子組換えによって付与させた遺伝子組換え作物，バイオエタノールなど再生可能な生物由来の有機性資源としてのバイオマス，バイオレメディエーション（生物の働きを利用して環境中の汚染物質を浄化する技術），バイオインフォマテクス（バイオ研究で得られた大量の情報をスーパーコンピュータにより処理し利用する技術），再生医療などです．特に再生医療に関しては，幹細胞やiPS細胞の利用など医療分野において大きな進展を見せつつあります（「20．再生医療」参照）．

> **key word**
> バイオレメディエーション：生物あるいは生物由来の酵素などを用いて有害物質で汚染された自然環境を元の状態に戻すこと．

Q&A

Q1：身近にあるバイオテクノロジー製品は？

多くの食品，医薬品はバイオテクノロジーを利用しています．例えば，遺伝子組換え大豆などの遺伝子組換え食品，感染症や生活習慣病対策のためのバイオ医薬品があります．これ以外にも，洗剤には酵素遺伝子の改良による洗浄力強化や安定性向上，酵素タンパク質の生産性向上による低コスト化などのバイオテクノロジーの利点を利用した製品が利用されています．

Q2：20世紀にバイオテクノロジーが発達した理由は？

古くは，偶然や自然現象に頼るバイオテクノロジーが利用されましたが，20世紀のバイオテクノロジーは，遺伝学をはじめ化学，物理学，情報学などさまざまな学問の基礎のもとに積み上げられた技術です．したがって，技術開発の目標や技術自体の比較が明確になり，過去の技術開発の経験や成果を次の技

術開発に活かすことが可能になったため，イノベーション（技術革新）の効率が格段に向上しました．

Q3：バイオテクノロジーの基本技術のクローニング法とは？

遺伝子のクローニングは，遺伝子DNAの組換え法と遺伝子組換え体の作成法の両方が必要です．遺伝子DNAの組換え法は，DNAを任意の場所で切断し，ある特性を持ったDNAを組み入れたり除いたりして改変したDNA（組換えDNA）を作成する方法です．DNAを切断するときには制限酵素というDNAの塩基配列を認識して特定の箇所で切断する酵素を用い，DNAを結合させるときにはDNAリガーゼという酵素を用います．組換えDNAは，微生物などの宿主細胞の中で増えやすいようにウイルスやプラスミドといったベクター（運び屋）に組み込み，さらに，宿主細胞の中で安定的に増えるための薬剤耐性遺伝子などを組み込んだ宿主細胞の遺伝子組換え体として作成し利用します．

2 バイオ創薬

- ❖ バイオテクノロジーを創薬に利用することをバイオ創薬という.
- ❖ 動物を利用した創薬や,植物を利用した創薬の技術開発が進んでいる.
- ❖ 新薬開発には多大な費用と時間がかかるため,遺伝子を利用して効率良く創薬ターゲットを探索することが重要である.

1) バイオ創薬とは

　バイオ創薬とはバイオテクノロジーを利用して製薬を行うことです.例えば,エリスロポエチンという腎性貧血の患者の治療に使われるタンパク質をハムスターの細胞に作らせることができます.エリスロポエチンの遺伝子をベクター(運び屋)のDNAに組み込んでハムスターから得られた培養細胞に入れて発現させます.そうするとこの細胞の中にエリスロポエチンのタンパク質が合成され,蓄積します.この細胞からそのタンパク質を抽出して精製します.これを患者に投与することにより治療を行います.こうするとヒトの細胞を使わなくてもよく,効率良く大量に製造することが可能になります.さらにもっと効率よく作るためには,薬を大腸菌に作らせることもできます.例えば癌やC型肝炎の治療に使われるインターフェロンを合成させるために,その遺伝子を大腸菌の中に入れて菌を増やすとインターフェロンが菌の中に蓄積するので,これを抽出

key word

エリスロポエチン:
赤血球の産生を促進する糖タンパク質で,慢性腎不全の治療などに用いられる.

key word

インターフェロン:
ウイルスが感染した細胞や腫瘍細胞で作られ,その増殖を抑制する機能を持つタンパク質.抗ウイルス剤や抗癌剤として利用される.

し精製します．大腸菌はハムスターの細胞に比べると10倍以上成長が早いので，効率よく合成することができます．しかし，糖鎖などの修飾が合成したタンパク質の機能に必要な場合は，大腸菌はこのような修飾機能を持たないのでヒトに近い生物の細胞を使うことになります．場合によってはヒトの細胞を使うこともあります．同じように，バイオテクノロジーを利用して糖尿病治療薬のインスリンや低身長症の治療薬の成長ホルモンなどが作られています．

2) 動物を利用した創薬

動物を利用した創薬の例としては，図2.1のようにヒツジのミルクに薬を作らせる技術があります．例えばヒツジの体細胞にヒトの遺伝子を導入して，薬になるような遺伝子を発現させます．この体細胞を，核を除いたヒツジの未受精卵に導入します．そうすると，ヒトの遺伝子を発現する機能を持った受精卵ができます．それを代理母へ移植して，ヒツジを生ませます．生まれたヒツジは，ヒトの薬になるようなタンパク質を含むミ

> **key word**
>
> 糖鎖：
> 糖鎖とは，グルコースなどの単糖が2〜数万個つながった化合物のこと．糖鎖はタンパク質や脂質などと結合して糖タンパク質や糖脂質を形成し，様々な生理作用に関与している．

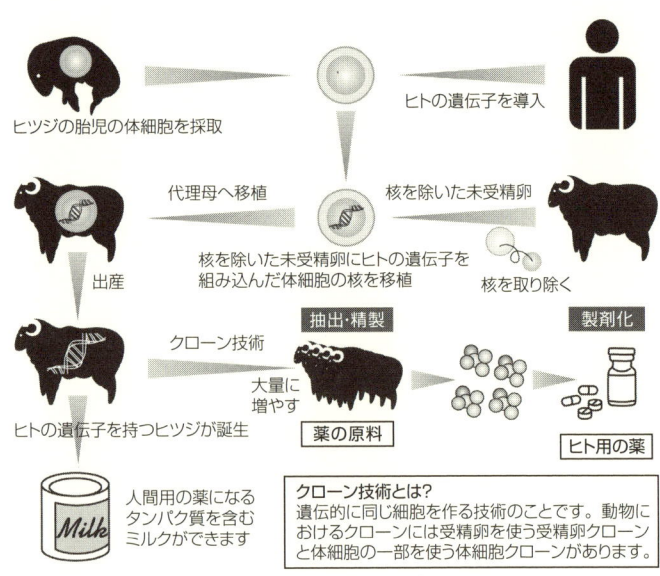

[図2.1] バイオを利用してヒツジのミルクに薬を作らせる方法
出典：中外製薬ホームページ（http://www.chugai-pharm.co.jp）掲載の図を参考にして作成

ルクを作ることができます．このようなクローン技術を利用することによって，ヒトの薬になるようなタンパク質をミルクに含むヒツジを大量に作ることができます．このようにして作ったミルクを飲むことで健康維持が可能になりますが，そのヒツジをたくさん増やして，そのミルクから薬を抽出して精製し，医療に利用することも可能です．動物を利用した創薬で注意する点は，動物を用いた研究は動物愛護法に基づいて適正な管理の下に行う必要があることです．

3）植物を利用した創薬

動物を使った創薬とは異なり，植物を利用すると違う利点もあります．例えば，図2.2のようにトウモロコシに薬を作らせることが可能です．植物の細胞に遺伝子を導入するためには，一定の技術が必要です．植物に感染するような菌（例えば根粒菌）の中にまず遺伝子を導入します．得られた遺伝子組換え細菌を植物に感染させ，そのDNAを植物の核のDNAに移します．いったん植物にその遺伝子が導入されると，その植物を光や空気，水などを管理した環境下で大量に栽培することが可能になります．そのトウモロコシの細胞から薬になる物質を抽出

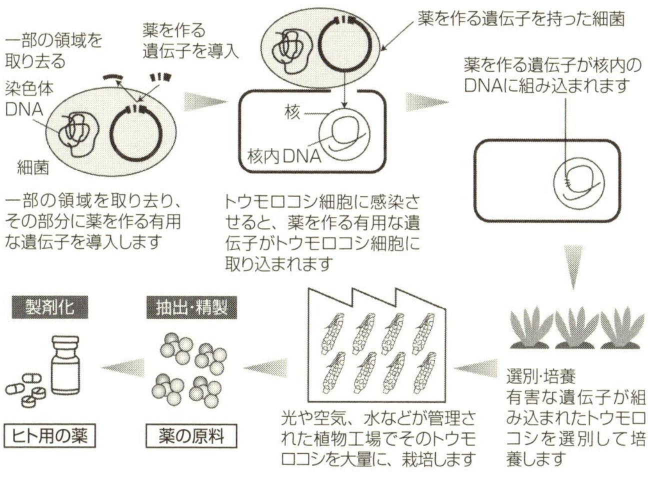

key word

クローン（動物）：
同じ遺伝子組成を持った動物の集団．受精卵の分割や体細胞と胚との融合などにより作成される．

key word

動物愛護法：
「動物の愛護及び管理に関する法律」のことで，動物の虐待等の防止について定めた法律．1973年に制定され，2005年（平成17年）6月に改正され，動物実験についても管理強化や代替法利用などさまざまな規定が新たに加えられた．

[図2.2] バイオを利用してトウモロコシに薬を作らせる方法
出典：中外製薬ホームページ（http://www.chugai-pharm.co.jp）掲載の図を参考にして作成

1章 バイオ創薬と生命

key word

ワクチン：
感染症を予防するために，病原体や細菌毒素の毒性を弱めるか失わせるかして抗原性だけ残した，生体に免疫を作らせるための医薬品．

し，精製することによって，ヒトの薬として使えるように製剤化します．例えば，病気のワクチンをトウモロコシに作らせるとか，インターフェロンをトウモロコシやイネ，タバコ，イチゴ，ジャガイモなどに作らせる技術の開発も進められています．このように，植物に薬を作らせることによって低コストの薬を大量に生産することが可能になります．

Q&A

Q1：新薬開発には遺伝子の探索がなぜ必要なのか．

　薬は病気治療や健康増進などに効能がある化学物質です．したがって，その開発には，薬となる化学物質の探索とその効能の証明が必要になります．それを効率良く低コストで行うためには，多くの化学物質を短時間でスクリーニングし，薬効を効率良く確認する方法が必要になります．また，ヒトに対して実験をする場合は効率や安全性が問題になります．そこで，細胞を用いて実験をして，試験結果の評価指標として遺伝子発現を見ることになります．このように，疾病に関係して薬がターゲットにする遺伝子を選び，その遺伝子発現などの変化を指標に化学物質をスクリーニングし，また，薬効や安全性についても遺伝子を指標にして評価することが創薬の効率化・コストダウンにつながるため，遺伝子探索が重要なのです．

Q2：薬（医薬品）とトクホ（特保）の違いは？

　健康食品には医学的・法的な定義はありません．このため，有害成分を含む食品や根拠も無く特定の効能をうたった健康食品が問題化しました．この混乱を解決するために，国の定めた規格や基準を満たす食品については保健機能を表示することができるようになりました．トクホ（特保）とは，特定保健用食品のことで，健康増進法や食品衛生法により，特定の効能を表示することを厚生労働省から許可された食品を指します．商品には，特定の効能が期待できる旨の文言と，「厚生労働省許可特定保健用食品」という証票が表示できます．それに対し，医薬品は薬事法によって開発・生産・使用が規制されるもので，原則として薬局・薬店のみで販売されます．

コラム｜新薬開発のプロセス

新薬開発はおよそ15年から17年くらいの年月と200〜500億円の費用が必要です．しかし，成功すると年間1兆円以上の収益が得られる場合もあります．新薬開発のプロセスの最初は，ゲノム解析などによる遺伝子の探索です．ゲノム解析では疾患関連遺伝子や病気の原因遺伝子を探索し，創薬の標的分子を見つけます．このプロセスは2〜3年間で3万くらいの候補化合物を探索し，その中から1個位が残ります．次にその標的遺伝子の機能を促進したり阻害したりするシード・リード化合物を見つけます．この化合物をもとに創薬を行います．さらに薬効，安定性や安全性，あるいは大量生産方法を検討します．ここで残る化合物はおよそ6000個に1つです．次は前臨床的試験で，動物を使った薬効や安全性試験を行います．臨床試験（治験，フェーズIからIIIに分かれます）でヒトに対する薬効や安全性データを取り，厚生労働省に薬事法に基づく申請（薬事申請）を行い，それが承認されれば発売に至ります．前臨床や臨床試験は，動物実験やヒトに対する試験のため非常に高い費用が必要です．したがって，この段階でなるべくふるい落とされないような開発を行うことが重要です．

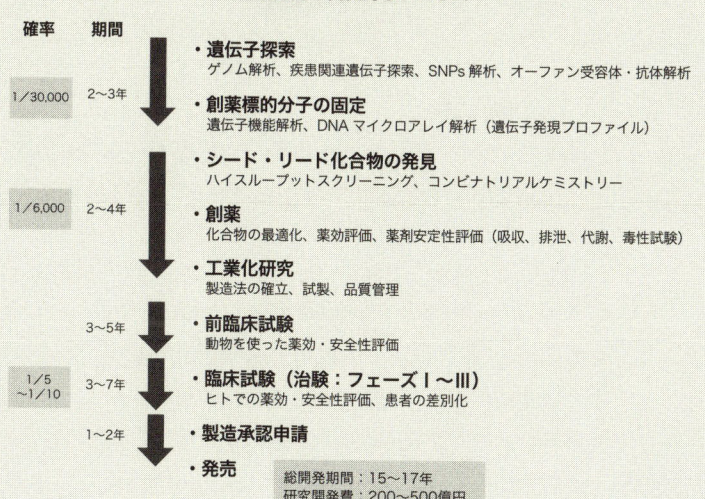

新薬開発の代表的なプロセス

3 バイオ医薬品

- ❖ リピトールやタミフルなど年商10億ドルをこえる医薬品が100以上ある.
- ❖ 現在はスタチン製剤（コレステロール低下剤）や抗潰瘍剤などが注目されているが，将来は抗体医薬品が伸びると予想される.
- ❖ タミフルはインフルエンザ感染のメカニズムをもとに開発されたバイオ医薬品である.

1) バイオ医薬品

医薬品業界では，1990年以降，年商10億ドル（約1000億円）を超えるいわゆるブロックバスターと呼ばれる莫大な利益を生む医薬の開発が進み，その数はすでに100を超えます．その中でも，近年，抗体医薬を含むバイオ医薬品が医薬品の主流となり，高脂血症治療薬のリピトールは136億ドル（2006年度約1兆3600億円）の売上があります．また，米国の新薬審査期間は平均1年程度であるためテレビコマーシャルによる宣伝効果もあり新薬が短期間で巨大な市場を形成します．そのため新薬開発に費やす研究費も莫大です．一方で，特許が切れると一気にジェネリック医薬品が発売されるため，売上が急速に減少する傾向があります．

2) タミフル

タミフル（一般名　リン酸オセルタミビル）は，ロシュ社か

---

key word

ジェネリック医薬品：
新薬の特許が切れた後に，他社が製造する新薬と同一成分の薬．効能，用法，用量も新薬と同じで，開発費がかからないため価格が安い．

ら販売されています。ロシュ社は2005年の決算として前年度に比べて20%増の約3兆2000億円の売上がありました。この売上増の主な原因は、トリインフルエンザの拡大で抗インフルエンザ剤タミフルの販売が増えたためと言われています。タミフルは、中華香辛料の八角（はっかく：トウシキミの実）を原料として、この八角に含まれるシキミ酸から10段階にかけて合成されます。この化合物自体は天然には存在しません。また、八角を食べてもタミフルと同じ効果はありません。しかし、このタミフルはインフルエンザウイルスの構造に密接に関わった機能を持っています。

インフルエンザウイルスはコートタンパクで包まれていて、このコートタンパクは、赤血球凝集素（HA）とノイラミニダーゼ（NA）という構造を持っています。HAは、ウイルスが宿主細胞に侵入する際に結合する相手です。一方でNAは、ウイルスが宿主細胞の中で増えて、その宿主細胞から出て行く際に必要です。宿主細胞内で増殖したウイルスが、NAによってウイルスのHAと宿主細胞のウイルス受容体との結合を外します。細胞から離れたウイルスは他の細胞に感染することが可能になります。タミフルは、このNAの酵素活性を阻害することによって、ウイルスが細胞の中から出られなくしてしまいます。そのためウイルスが増殖できなくなります。したがって、タミフルの効果は風邪のひき始めのインフルエンザウイ

key word

ウイルス：
光学顕微鏡では見ることができず、細菌濾過器を通過する病原体で、タンパク質からできた外殻の中に遺伝子DNAまたはRNAを持つ。単独では生命活動を営めないため、細胞に寄生して増殖する。

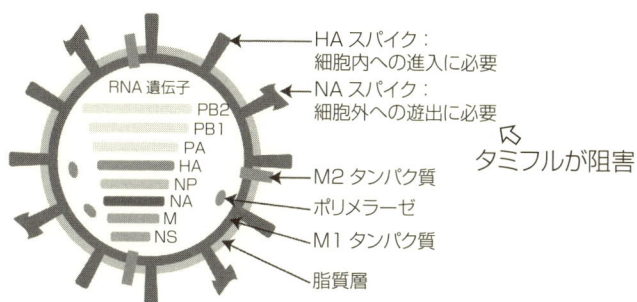

[図3.1] タミフル（リン酸オセルタミビル）の薬理作用
出典：「予防の手びき（第12版）」（近代出版社）掲載の図を参考に作成

ルスがどんどん増えている状態が最も高いということになります．このようにタミフルはインフルエンザウイルスの作用メカニズムを活用することで創薬が可能になりました．

3）その他のバイオ医薬品

　医薬品のグローバルマーケット（2006年度）を見ると，前述の1番のリピトール以外に，40億ドル以上の売上がある医薬品も10以上あります．最近は特に超大型薬品への集中化が進んでいます．理由としては，インターネットの利用により情報がすぐに世界的に伝わって，宣伝効果が高い薬はどんどん売れることが考えられます．リピトールはいわゆるスタチン製剤（コレステロール低下剤）でこれ以外のスタチン製剤（ゾコールとクレストール）も高い売上を示しています．これ以外に，タケプロン（武田薬品工業）などの抗潰瘍剤，貧血治療に利用するエポチン，それからタミフルや慢性骨髄性白血病等の治療薬グリベック（「4．ゲノム創薬」参照）などバイオやゲノムの情報を利用したバイオ医薬品の売上が好調です．また，乳癌治療薬のハーセプチンなどの抗体医薬品の売上が伸びています．日本のメーカーが創製した医薬品は上位47品目のうち8品目あり，増加の傾向にあります．

Q&A

Q1：スタチン製剤とは何か．

　スタチン製剤は血中のコレステロール値を低下させる薬のことです．そのメカニズムは，コレステロール合成経路の中のメバロン酸の合成に必要なHMG-CoA還元酵素の働きを阻害することによって，コレステロールの合成を阻害し，同時にLDLコレステロール（悪玉コレステロール）も減少させるものです．アオカビの一種から最初のスタチンであるメバスタチンが見つかりました．しかし，メバスタチンには副作用があるため，コウジカビの一種から新たなスタチンであるロバスタチンが1987年にアメリカ食品医薬品局（FDA）から医薬品としての認可を受けました．高コレステロール血症は動脈硬化症の

---

key word

ハーセプチン：
癌遺伝子産物であるHER2タンパク質に特異的に結合することで抗腫瘍効果を発揮する抗がん剤．HER2過剰発現が確認された転移性乳癌の治療薬で，分子標的治療薬の一種．

主要なリスク要因の1つであり，スタチンの発見は高コレステロール血症と関連疾患の予防に多大な進歩をもたらしました．

Q2：抗体医薬とは何か．

　抗体医薬とは，病気の診断や治療に用いる抗体のことで，抗体とは，抗原（タンパク質など）に対して特異的に反応し結合する免疫グロブリン分子のことです．医薬品としては，単一のエピトープ（抗原決定基）に対する抗原特異性を持ったモノクローナル抗体を用います．モノクローナル抗体はハイブリドーマという自律増殖能を持った細胞に作らせます．最近では，ヒトの免疫グロブリン遺伝子を用いてマウスなどにヒト型の抗体を作らせることでヒトに対して抗原性を持たないものも開発され，医薬品としての利用が高まっています．抗体は化学薬品と違い，経口投与ができない，製造コストが高い，細胞内の抗原には結合できないなどの欠点を持ちますが，いったん標的分子に結合すると，患者自身の免疫機構が働いて標的分子を含む細胞を効率良く除去できるなどの利点を持ちます．また，免疫グロブリン自体はもともとヒトの体内に存在するので，副作用は高くないと考えられます．モノクローナル抗体は1990年代後半から医薬産業に革命をもたらし，現在のバイオ薬品のほぼ3分の1はモノクローナル抗体です．

4 ゲノム創薬

❖ ゲノム創薬とはゲノムや遺伝子情報をもとに病気に合わせた薬を効率良く開発すること．
❖ 遺伝子多型などの個人の遺伝子情報を利用することにより，薬効が高く，副作用の少ない薬の開発が可能になる．
❖ 癌や生活習慣病などについて，将来，個別化医療を進めるうえで重要な技術である．

1) ゲノム創薬とは

　ゲノム創薬とは，ゲノム情報をもとに，ある特定の病気に合わせた新しい薬を効率よく開発することです．ゲノム関連の情報データベースを利用して，例えば新しいタンパク質の構造をコンピュータで予測することも可能です．それにより，薬の開発をより効率良く行うことが可能になります．ゲノム創薬により，遺伝子からタンパク質の構造あるいは機能を解明して，ターゲットを効率良く絞り込むことが可能になります．したがって薬の開発期間が短くなります．酵素あるいは受容体などをターゲットとして医薬品を開発するということが，今では一般的です．また，ターゲットを絞り込むことによって，効果効能が高い薬を作ることが可能になるだけでなく，副作用の少ない薬を作ることも可能になります．したがって，ゲノム創薬を進めていくと個人の体質毎に異なる治療を行うことが可能になります．これを個別化医療あるいはテーラーメイド医療と呼び

key word

個別化医療：
「19. 個別化医療」参照．

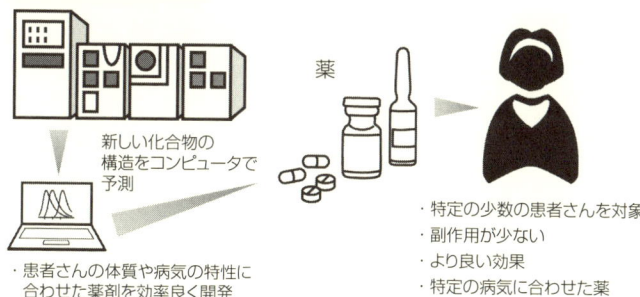

[図 4.1] ゲノム創薬

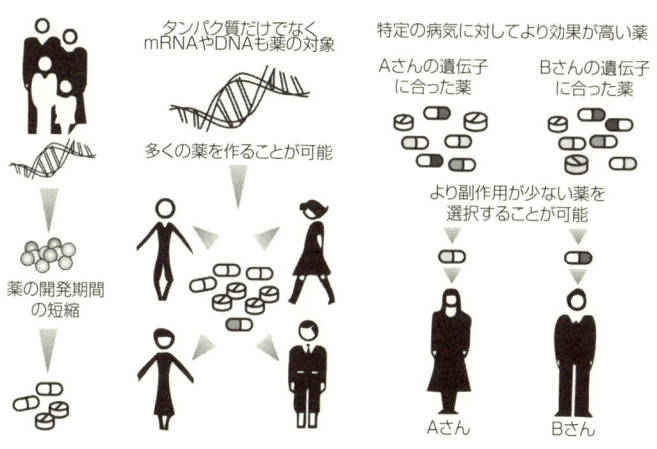

[図 4.2] ゲノム創薬のメリット

ます．患者の血液や口腔粘膜を採取して遺伝子診断を行い，病気の原因遺伝子を調べます．この遺伝子の異常が分かると，病気の原因を追究し，その病気の発症の可能性を診断して治療へと利用します．例えば癌になると遺伝子の一部が変わることがよく知られていますが，遺伝子のどこに異常があるかという情報は治療には非常に重要です．さらに，例えば薬に対する耐性や感受性が個人によって異なることがよく知られていますが，実際に遺伝子レベルで薬のターゲットが異なるということが分かれば，例えば同じ病気や症状であっても異なる薬を使って異

なるターゲット（例えば薬に対する受容体）を治療に利用することが可能になります．現在，個別化医療実現化プロジェクトが進められていて，30万人のDNAや血清などをバイオバンクに集めて，SNP（スニップ：複数形でSNPs（スニップス）と呼ばれることもある）という一塩基多型をデータベース化して，個別化医療の基盤とするためのプロジェクトが進められています（「19. 個別化医療」参照）．

key word
SNP：
「19. 個別化医療　コラム：一塩基多型」参照．

2) グリベック

慢性骨髄性白血病（CML）は，患者数はそれほど多くはありませんが，非常に難治性の血液癌として知られています．商品名グリベック（ノバルティス社製，一般名イマチニブ）はその治療薬としてゲノム創薬により作られました．CMLはヒト染色体の9番と22番が入れ替わる，いわゆる転座によってそれぞれの染色体にある遺伝子が融合することが原因です．この転座によって生じた染色体では遺伝子が融合してできたキメラタンパク質が強いチロシンキナーゼ（チロシンというアミノ酸をリン酸化する酵素）活性を持ち，その結果，細胞がどんどん増殖して癌化するということがわかりました．したがって，CML治療にはこの融合タンパク質の機能を阻害する治療薬を作ればよいことになります．このように，ゲノム解析によりターゲットを見つけて，創薬技術によりグリベックが作られました．グリベックはCMLの患者の5年生存率を89％にまで引き上げた，薬効の高い薬です．

key word
チロシンキナーゼ：
タンパク質を作るアミノ酸配列の中のチロシン残基を特異的にリン酸化する酵素．多細胞生物のみに存在し，細胞の増殖分化あるいは免疫反応などに関わるシグナル伝達に関与する．

3) 将来のゲノム創薬

文部科学省は，2001年発表の「第7回技術予測調査」で将来重要になるバイオテクノロジーのランク付けをしましたが，その中で上位20位の中で13項目が医療診断分野です．例えば重要度1位の技術内容として，「糖尿病，高血圧，動脈硬化の遺伝子群が同定され，分子病因論的分類がされる」とあります．また，同率第1位として「癌の転移を防ぐ有効な手段が実用化される」とあります．これ以外にも，「癌の転移を防ぐ有

key word
技術予測調査：
文部化学省が実施した，我が国の技術開発戦略策定の基礎資料とすることを目的とする調査で，各分野の課題に対して重要度や期待される効果，実現予測時期などを専門家へのアンケート調査などによりまとめたもの．

効な手段が実用化される」(重要度同率1位),「細胞癌化におけるシグナル伝達を制御している癌細胞を正しい分化の方向に誘導して正常化させる治療法が普及する」(重要度4位),「ある種の癌の発生を予防する薬が普及する」(重要度同率4位),「癌化した細胞と正常細胞を生体内で識別,これを標的にした抗癌治療法の実用化」(重要度15位),「アルツハイマー病の進行が阻止できるようになる」(重要度同率15位)など,ゲノムや遺伝子の状態を把握し,その情報を診断や治療に用いる技術の重要性が指摘されています.この時点では,個別化医療はまだ技術的な問題点が大きく,「SNPs(一塩基多型)などを含む全塩基配列が安価に決定できるようになる」(重要度6位)が唯一ランクインした予測内容ですが,1000万円以下で個人のゲノムの解析ができるようになってきた昨今ではゲノム創薬の個別化医療への展開が現実的になってきています.

> **key word**
>
> **シグナル伝達**: 細胞内の情報伝達のこと.酵素のリン酸化反応などにより伝達され,細胞表面の受容体から発信されたシグナルが細胞核内にある遺伝子の発現を増減させる経路などさまざまな経路が知られている.

Q&A

Q1:ゲノム関係のデータベースにはどのようなものがあるか.

公共の遺伝子データベースとしては,日本DNAデータバンク (http://www.ddbj.nig.ac.jp/),EMBL (http://www.ebi.ac.uk/embl/),NCBI GenBank (http://www.ncbi.nlm.nih.gov/Genbank/) があります(「16. 遺伝情報の利用」参照).この中でも,特にNCBI GenBankは米国NIH(国立衛生研究所)に属しており,さまざまな検索ソフトが使えるので有用な情報が多く得られます.また,各種の検索エンジンやデータベースも完備しています.ゲノムデータベースとしては,各生物種に関してはそれぞれ個別のデータベースが異なる団体によって運営されています.それらの情報をまとめて掲載しているのがGenomes Online Database (GOLD:http://genomesonline.org/)で,ここを見るとそれぞれのデータベースへのリンクやゲノム計画の進展などがわかります.

Q2:SNPは個別化医療にどのように使われるか.

SNPは遺伝子の多型であり,個人差や個性と同じもので,どれかが異常な状態(病気など)というわけではありません.

しかし，肥満型の人や痩せ型の人など個人差があるように，病気のなりやすさや治療法の適不適など，病気の予防や治療などの面でも個人差があります．個別化医療では，DNAの型により個人を分類して個人個人に合った治療を行うことです．その分類のためにSNP情報が使われています（詳しくは「19. 個別化医療」参照）．

Q3：細胞の癌化とアポトーシスとの関係は？

体を構成している細胞は，正常な状態では一定の分裂を繰り返した後，アポトーシスにより死に至ります．また，細胞の分裂と増殖は必要な場合のみ起るように制御されています．すなわち，細胞が老化したり損傷を受けたりして死滅する時に新しい細胞に置き換わります．ところが特定の遺伝子（$p53$ など）に突然変異が生じると，体が必要としていない時に細胞分裂が起こり，死滅すべき細胞が死滅しなくなります．したがって，細胞の癌化とアポトーシスは生物学的プロセスとしては逆の方向と言うことができます．実際に，遺伝子レベルでも，発現の増減や機能の活性化・不活性化など，逆の現象を示します．

> **key word**
>
> **アポトーシス：**
> 生物を構成する細胞が役割を終えた後に予期された死亡を起こす現象で細胞死ともいう．両生類の尾の退化などがある．

コラム｜グリベックの作用

9番と22番染色体の相互転座［t (9；22) と表記］により生じた22q−染色体をフィラデルフィア（Ph）染色体と呼びます．慢性骨髄性白血病（CML）は，もともと9番染色体に存在した *ABL* 癌遺伝子が22番染色体の *BCR* 遺伝子の下流に連結されて，*BCR-ABL* 融合遺伝子が形成され，特異的な BCR-ABL キメラタンパク質が作られることにより発症します．BCR-ABL キメラタンパク質は強いチロシンキナーゼ活性を有し，細胞増殖を促進するとともに，アポトーシス（細胞死）の抑制にも働きます．したがって，この融合遺伝子により血球細胞の腫瘍化が進むと考えられています．グリベックはこのキナーゼを阻害することにより CML 細胞の増殖を阻害します．グリベックの投与により，5年間の CML による死者は全体の5％，あらゆる原因による死亡も11％となりました．

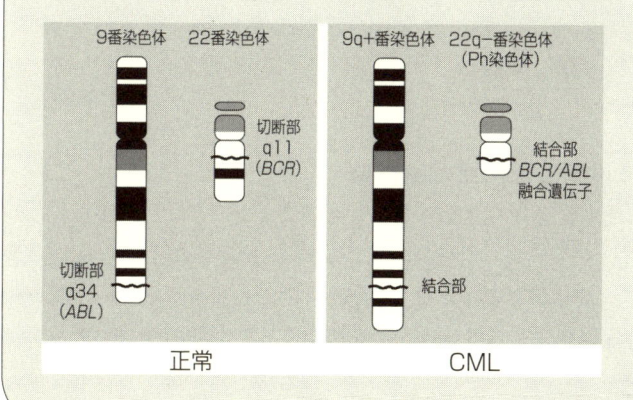

1章 バイオ創薬と生命

5 生命の発生以前

> ❖ 地球の誕生は，約 46 億年前．
> ❖ 生命の基礎物質（有機物）の生成は，約 40 億年前．
> ❖ 生命に必要な物質は，3 つの有機物（タンパク質，核酸，脂質）．

key word

生命：
エネルギーを獲得することによって自己を維持し，増殖する能力を有する有機物の集合体ということができる．

key word

有機物：
炭素を骨格として水素，酸素，窒素などを含む化合物をいう．

1）生命の基礎となる有機物

　生命を形作るさまざまな有機物はどのようにして作られたのでしょうか？　地球の誕生は，約 46 億年前だと言われています．太陽が生まれる前，銀河の片隅で大きな質量を持つ星が大きな爆発によってその一生を終えました．その残骸やガスが集合して太陽ができ，その周りを物質が回転するうちに密度が高まり惑星になっていきました．その後，地表全体が煮えたぎっていたマグマの海の時代などを経て，水蒸気が雨となって降り注いだ結果海が誕生したのが約 40 億年前だと言われています．生命誕生前の地球の環境は，マグマの海が覆っていた非常に高温の状態から雨によって冷やされてきた頃だと考えられます．当時地球表面に存在していた，海底火山や火山火口の噴火口などの高温かつ高圧環境の下で，大気中に存在していたメタンやアンモニアから硫化水素の還元でアミノ酸などの生命の基礎物質である有機物が生成されたという考えが，最も信頼性の高い考え方です．

　そのことを実験的に証明しようとしたのが，1953 年に行われたユーリー・ミラーによる実験です．シカゴ大学の大学院生

であった彼は，メタン・アンモニア・水素・水を混合した「還元型大気」と呼ばれる原始地球大気を模した混合ガスの中で雷に似せた火花放電を行いました．その生成物を分析したところ，グリシン・アラニンなどのアミノ酸や有機酸・尿素などが検出されました．この実験は，アミノ酸のような生体にとって非常に重要な分子が，原始地球環境を模した環境中で，容易に合成されることを示した画期的なものでした．その後，同様の混合ガス中で，火花放電の代わりに紫外線・熱・放射線を加えることで生体分子が生成されることが報告されています．そこで，生命の源である生体分子は「地球上で生成した」という説が有力です．

> **key word**
>
> **還元型大気:**
> 水素と結合した主だった分子が主成分である大気のこと．酸素と結合した分子が多い大気を酸化型大気と呼ぶ．

2) 生命に必要な3つの有機物

現在地球上に存在する生命を構成する主な物質としては，タンパク質・核酸・脂質の3つの有機物が挙げられます．タンパク質とはアミノ酸が多数脱水結合したものです．このアミノ酸の構造は，1個の炭素を中心に有し，炭素が有する4本の手それぞれに「水素」，「アミノ基(-NH2)」，および「カルボキシル基（-COOH）」とアミノ酸の種類ごとに変化するグループを

> **key word**
>
> **核酸:**
> 真核生物の核の中に見いだされた酸性物質なので核酸と呼ばれる．DNAとRNAを含む．

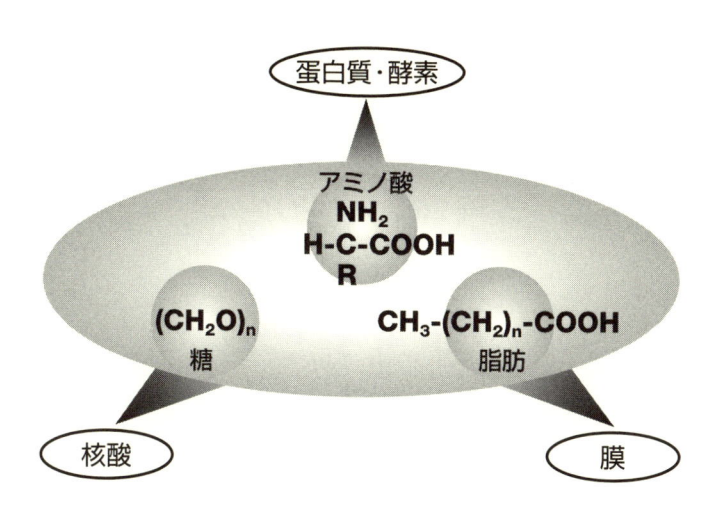

[図 5.1] 3つの有機物の構造
- 蛋白質・酵素 ← アミノ酸 NH_2 / $H\text{-}C\text{-}COOH$ / R
- 核酸 ← 糖 $(CH_2O)_n$
- 膜 ← 脂肪 $CH_3\text{-}(CH_2)_n\text{-}COOH$

1章 バイオ創薬と生命

もっています．このアミノ基とカルボキシル基とが，水分子を1個放出するように結合した結果，長いタンパク質となります．タンパク質を構成するアミノ酸は20種類存在します．その結果，アミノ酸が結合したタンパク質は，非常に多種類のものが存在することになります．このタンパク質の中で，生命現象にとって最も重要なのは，生命体の中での物質変化の反応をつかさどる「酵素」といわれるタンパク質です．この酵素のおかげで，食物からエネルギーを獲得したり，さまざまな活動を常温程度の温度で行うことができます．

　このタンパク質を作る元である設計図になっているのが遺伝子で，その本体は「核酸（DNA）」です．DNAは，デオキシリボースという炭素5個の糖とAGCT4種類の塩基およびDNAの骨格となっているリン酸から構成される単位を長く連結したものです．ヒトでは，約30億個の単位がつながっています．言い換えるとDNAは，情報を4進法で記載したテープのようなものだとも言えます．

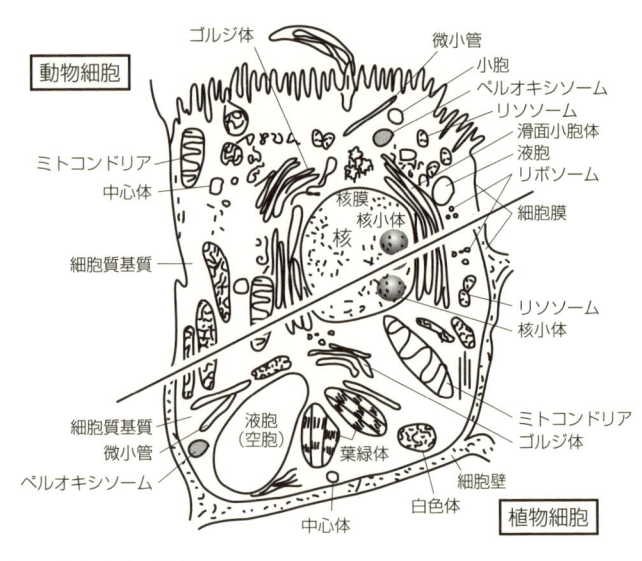

[図 5.2] 細胞内の構造
構造の異なる動物細胞と植物細胞を上記の図では表しているが実際には存在しない

生命の一番の基礎である細胞は，外界と膜で隔てられています．この膜を構成する主な物質が「脂質」です．脂質とは炭素と水素が直鎖状に連なった物で，水に溶けることができません．水が主な成分である地球上の生命は，この水に溶けない油「脂質」の膜で覆われているのです．

3）生命活動の源となるエネルギー

　地球上の生命が利用できるエネルギーは炭素の最も還元された状態であるメタン（CH_4）と最も酸化された状態である二酸化炭素（CO_2）の間の分子を徐々に酸化することで得られます．アミノ酸，核酸，脂質はメタンと二酸化炭素の中間のもので，それらを酸化させることによってエネルギーを獲得することで生命活動を行っています．さらに，動物や植物のようにオスとメスの生命情報が融合して子孫に受け継がれる生殖を行う場合，生殖によって子孫を残せる範囲が「種」にほぼ相当すると言われています．

Q&A

Q1：生命に必要な物質は何か．
　タンパク質・核酸・脂質という3つの有機物を構成する糖・塩基・アミノ酸・脂肪酸などが生命に必要とされるものです．
　これらは還元型大気の存在したと考えられる原始地球で生成されたとの説が有力です．

Q2：生命にとって有機物の果たす役割は何か．
　生命にとって必要な有機物は3つであり，タンパク質，核酸，脂質です．
　まず，タンパク質は体の構造を構成するとともに，タンパク質の一種の酵素はさまざまな物質の変化を促進させエネルギーを獲得しています．次に，核酸は，生命の設計図となる情報を維持するものです．最後に，脂質は細胞と外界を隔てる膜を構成しています．生命は水を体内に有し，外界と膜で隔てられることを要するのです．

コラム 生命の始まりは高温か

生命の基礎となる物質や生命自身が誕生した頃の地球の環境は今よりもずっと高温だったと考えられています．また，さまざまな生物の関係を記した「系統樹」では，生命の祖先に近い位置に高温で生息する「好熱菌」が分布していることから，生命の始まりは高温環境ではないかと言われています．また，系統樹の根元に近い生物ほど，ゲノムサイズが小さく，また有する遺伝子の数も少なく，生命の起源に近い印象を受けます．生命の始まりが高温であったか，生命の起源は好熱微生物であったかはいまだ不明な点が多いですが，現存する生物の共通の祖先は好熱性であったのではないかと推定できます．

6 生命をつかさどる物質の基礎

> ❖ 生命の誕生は，約38億年前，始まりは単細胞の微生物であった．
> ❖ 生命は進化により，多様になってきた．
> ❖ 物質を通した生命情報の流れ，DNAからRNA，タンパク質へと情報は流れる．

1) 生命の誕生

　最初の生命は，地球の誕生から8億年が経過した約38億年前に誕生したと言われています．最初はアミノ酸などの有機物同士が何らかの相互作用をしていたと思われます．その中で，自己増殖するようになったものが徐々に生命に変化していったと考えられます．最初の生命体についてオパーリン（この項のコラム参照）は1936年に著した『生命の起源』の中で，コアセルベートという最初の生命体とも呼べるものの生成過程についての仮説を科学的な天文学や地学生化学の知見を総合して示しました．

2) 生命の進化

　生命はその誕生の時から進化を続けてきており，ダーウィンは『種の起源』で観察例を紹介しています．現在の地球上には，無数の異なる多様な生命が存在します．
　地球上に初めて出現した生命は，現存する細菌に近い，1つの細胞から構成された単細胞生物だったと想像されます．これ

---

key word

ダーウィン：
1809年イギリスに生まれた医者で，ビーグル号に搭乗し世界を航海し，南米ペルー沖のガラパゴス諸島に到着し，その島の生物の観察から，生命は進化するという考えを示した．

らの単細胞の生物は形態も微小なので顕微鏡などの機器を用いないと直接観察することができません．そこで，単細胞から構成される微生物の大部分は，ほとんど同じで違いはないと思われがちですが，遺伝子の本体であるDNAの塩基配列の比較からは，我々の眼に見えないこれら微生物の系統の方が動物・植物の系統的広がりとは比較にならないほど，大きいことがわかっています．図に示すように系統樹では，微生物は大きな広がりを示しますが，動物・植物は一本の線で示されているだけです．

> **key word**
>
> **遺伝子：**
> メンデルが提唱した，生物の性質を決める元の単位．染色体上に位置する．

3) 物質を通した生命情報の流れ

生命は，上に挙げた物質を用いて構成されています．しかし，子孫が誕生する際に子孫に伝達されるのは，生命の設計図

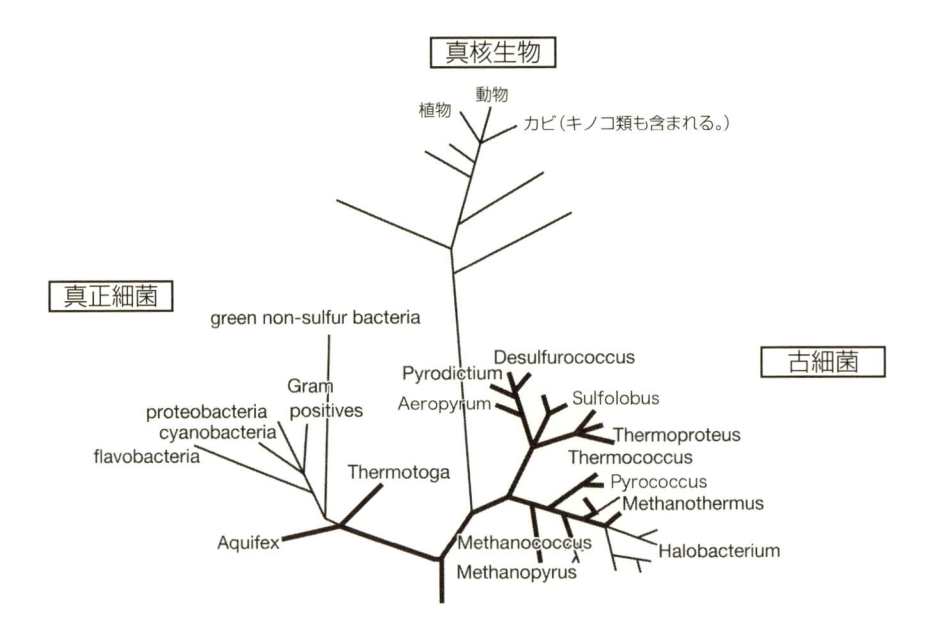

[図 6.1] 生物の系統樹

である遺伝子の情報をまとめて持っているDNAです．この一個の細胞が分裂を繰り返して各個体になっていきます．この時に各細胞が必要とする酵素を最適の時間と場所で作ることができる情報が，このDNAに書き込まれています．DNAに書き込まれている情報はそのままでは利用できません．そこで，一度遺伝子領域の情報のみを持つ比較的小さなRNA分子が作られます．これが「メッセンジャーRNA（mRNA）」と言われる分子です．このmRNAはリボソーム細胞質に存在するタンパク質の生産工場に運ばれて，その指令どおりのタンパク質が生産されます．ここに示したように，情報がDNAからRNAを経由してタンパク質が合成されるという流れのことを「セントラルドグマ」と呼び，生命の基本原理の1つとされています．

Q&A

Q1：生命の誕生はいつ頃か．

　地球の誕生が約46億年前だと言われています．最初の生命の誕生はその後8億年経った後の，約38億年前だと推定されています．最初の生命は，原始地球の原始海洋の中で有機物が結び付き最初の原始的な生命が誕生したと言われています．た

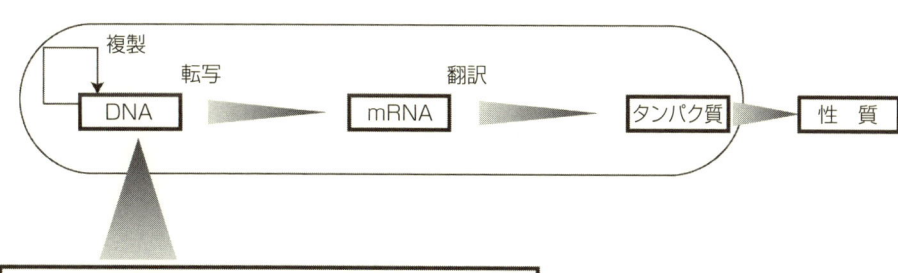

[図6.2] 遺伝子からの情報の流れ

だ，生命は地球外から到着したという考えもあります．

Q2：生物の進化はどうして起こるのか．

　生物は全て固有の遺伝子群をDNA上の塩基配列の形で保有しています．このDNAの配列はさまざまな外部からの影響で変化することがあります．宇宙から来る放射線，地球の内部に存在する放射性同位元素や食物に含まれる放射性同位元素からの放射線の影響で，全ての生物の遺伝子の本体であるDNAは傷を受けています．その傷を治す「修復」機構も持ち合わせていますが，それらのDNAの傷が塩基配列の変化となります．塩基配列の変化が性質に変化を与えない場合もありますが，中には性質を変えるものが出てきて，その中で環境に適したものが選ばれることで生物は進化していったのではないかと考えられています．

Q3：オスとメスができた理由は？

　最初の生物は単細胞で，自分自身と同じ子孫を増殖させるだけでした．これでは，環境が変化した時に対応できずその「種」が絶滅してしまう可能性があります．生物種として遺伝子の多様性を確保していくためには，異なる個体との間で遺伝子を混合することが選択されました．ヒトや動物などでは普段の生活を営んでいる個体の細胞中に遺伝子の組である染色体は2組存在しています．生殖細胞「卵子」と「精子」だけが1組の染色体をもつように減ります．しかし原始的なカビなどでは，普段の生活は染色体を1組で持ち，特定の時期だけ2組に増やすものもあります．このようにして染色体上の遺伝子を混合することで，生物種としての多様性を確保しようとしています．

> **key word**
>
> 染色体：
> 染料によって良く染まったもの．大きさの異なるものに番号をつけて呼ぶ．帯状のバンドが見られ，それが遺伝子の位置と関連があると言われている．

コラム｜生命の起源研究とソ連の研究者

ソ連の生命の起源に関する研究者，オパーリンは，原始大気中での反応の結果生成されたアミノ酸などの有機物が海洋中で複雑な高分子有機物へと化合していき，それらが集まってコロイド粒子ができて周囲から独立したものが「コアセルベート」と呼ばれる原始的な物質代謝と生長を行うことができる液滴だとする考えを示しました．

一方，ソ連の研究者ルイセンコは，ラマルクが唱えた「用不用説」という考え方に従い，個々の個体が得た形質「獲得形質」が遺伝するという説を農業の中で実践しました．この学説は当時のソ連の政治状況から支持を受け，彼は農業アカデミー総裁など多くの要職を歴任しました．しかし，政治状況が変化すると農政上の失敗もあり，農業アカデミー総裁を辞任しました．

ソ連の研究者は，「生命の起源」や「進化」について，さまざまな意味で影響の大きい研究成果をあげてきましたが，一方で政治と学術・研究との関係を考えさせる一面も有していました．

7 人類と生物との関わり合い

- ❖ 長い歴史の中でさまざまな生物が利用されてきた．
- ❖ 生物の能力の源，森林浴が効果的な理由は？
- ❖ 微生物の能力に助けられている生物．

1) 生物の利用

　長い人類の歴史の中で，生物は食品の保存・加工などさまざまな面で利用されてきました．それは長年の人類の歴史の中で蓄積された知恵でした．例えば，昔からおにぎりや肉は竹の皮でくるんでいました．また，饅頭や団子を植物の葉で包むという習慣も一般的です．桜餅，柏餅，ちまきなどは知らない人はいないでしょう．植物には食物の腐敗を防ぐ働きがあることを昔の日本人は，経験から理解していたのです．また，「シキミ」という植物を墓地の周りに植えたり，仏壇に供えたりします．このシキミにはアニサチンという猛毒が含まれています．昔の墓地は全て土葬でしたので，死体を埋葬しても動物たちが食い荒らす恐れがあります．そこでこの毒を有する植物を植えることで，埋葬した死体を動物たちに食い荒らされないようにしていました．このシキミという名前は「悪しき実」が変化したとも言われています．また，彼岸花が田畑の畦に植えられている光景を見たこともあるのではないでしょうか．この彼岸花にも根に毒がありますので，田畑にモグラやネズミが入り込んで作物を食い荒らすのを防いでいたのです．これらも先人の知恵ではないでしょうか．さらに，ハイキングなどで森を散策すると

気分が良くなるでしょう．これも植物の持つ大きな力です．

[図7.1] シキミ

2) 生物の能力の源

　さて，シキミにはアニサチンという猛毒が含まれていることを先に記しましたが，植物が腐敗を防止したり，森林浴の際に気分を良くする作用を示す実態は何でしょうか．植物には二次代謝物質と呼ばれる物質が多数存在しています．一次代謝とは全ての生物に共通に必要とされるものを生産する代謝系のことです．アミノ酸や核酸，脂質などの生物が生きていくために必要とされる物質を生産することはどの生物でも必須です．この一次代謝物質から，必ずしも生物にとっては必須ではない物質を生産する経路を二次代謝と呼び，生産される物質を二次代謝物質と言います．この二次代謝物質を植物は多数・多量に生産しています．それらがフィトンチッドと呼ばれる物質で，フラボノイド，カロチノイド，タンニンなどが存在し，これらが植物の持つ抗菌作用等の源なのです．

3) 生物と微生物の関係

　シロアリが材木や家屋を食べて，いろいろと被害が出るのは誰でも知っているでしょう．シロアリは，普通の生物だと消費することができない木質を餌にできます．この能力は，シロア

リ自身が持っているのではなく，微生物の力を借りているのです．シロアリの腸の中には，原生生物が共生しています．さらにこの原生生物の細胞の中に微生物が共生していることが判ってきました．この微生物が，材木などの木質を分解して餌として利用できるというシロアリの特徴の源なのです．シロアリは，自身が共生させている原生生物や微生物の力をうまく利用して生きているのです．

　また，サンゴを知らない方はいないでしょう．しかし，このサンゴが植物か動物か，何を餌にしているかを知っている人は少ないのではないでしょうか．サンゴは動物で卵を産みます．サンゴの産卵の映像を見たことのある人も多いと思います．では，サンゴの餌は何でしょうか？　実はサンゴには，自分の体内に共生している褐虫藻という単細胞の藻類が栄養を供給しているのです．では，図7.2右に示した生物は，何でしょうか？　これは，鹿児島湾の海底に温泉が噴出している場所があり「たぎり」と呼ばれていますが，そこに生息しているサツマハオリムシという動物です．筒の先がこの動物の本体で，筒を徐々に伸長させながら生息していますが，人工的には増やせません．このサツマハオリムシは，共生している化学合成細菌が栄養を供給していると考えられています．

key word

褐虫藻：
褐虫藻は，クラゲ・シャコガイ・イソギンチャク等にも共生している．

サンゴ	サツマハオリムシ

[図7.2] 微生物と共生している生物の例

Q&A

Q1：最も有名な共生関係は何か.

シロアリと原生生物・微生物，アブラムシと共生菌などが挙げられます.

Q2：植物が有する抗菌作用は何に由来するか.

植物に多量に含まれる二次代謝物質のうちフィトンチッドと呼ばれる化合物が植物の有する抗菌作用のもとです.

Q3：共生関係はお互いに何をもたらすか.

共生している生物は，共生宿主を安全なすみかとして利用し，さらに宿主から養分などを得ている場合もあります．宿主は，養分となるものを共生生物から得ている場合が多いので，双方にとって共生という関係が有利に働いているものが多いのです．ただ，枯木に繁殖するシダのように一方的に利用する場合もあります.

コラム｜役立つ共生

ヒトにも数多くの微生物が共生していて，ヒトの生存を助けてくれています．皮膚の表面にも微生物はいます．ヒトが日々関係している共生微生物としては，便の中の腸内細菌が挙げられます．便の大部分は腸内細菌の死骸なのです．ですから，便の状態で体調も判るのです．また，イソギンチャクとクマノミという魚の関係はどこかで見た方も多いと思います．また，サメとコバンザメも大きな生物同士の共生ですし，マメ科植物の根と根粒菌もそうです．これらの共生関係では，共存することでどちらかに利益があります．食物として食べられるという関係も含めて，生物のさまざまな関係は全て連鎖していると言えます.

8 人類と微生物との関わり

❖ 微生物は，食品保存や高機能化で利用されている．
❖ 日本の伝統的染料「藍」の生産に微生物は利用されている．
❖ 顕微鏡によってはじめて微生物は見いだされた．

1）微生物の食品での利用

　長い歴史の中で先祖のヒトたちは，さまざまな食品の保存や高機能化に微生物を知らず知らずのうちに用いてきました．例えば，乳そのものは長期間の保存に適しませんが，ヨーグルトになると長期間の保存が可能になります．このヨーグルトは，元来腸内細菌である乳酸菌の作用で乳を醗酵させて長期保存を可能としています．また，日本の伝統的保存食品である納豆もまた，冬の保存食として利用されてきました．この納豆の製法には先人の知恵が数多く潜んでいます．その他，日本には数多くの発酵食品があります．日本酒も微生物の力を借りて作られます．米の中の澱粉は，まず「麹」と呼ばれる糸状菌によって分解され，次の段階で利用しやすい糖になります．麹が作り出した糖を利用して次の段階で酵母がアルコールを作ります．これが酒になります．世界中のいたるところで独特の酒が作られています．しかし最終的にアルコールを作るのは酵母という点は共通です．酵母が利用する糖の材料と処理方法が異なるのです．日本酒では米ですが，ビールでは麦ですし，メキシコ独特の酒テキーラはリュウゼツランという植物から作られます．原

> **key word**
>
> **麹（こうじ）:**
> 日本酒の生産に用いられるものは黄麹と呼ばれるもので，沖縄の泡盛の生産には黒麹が，沖縄の伝統食品の一つ「豆腐よう」では紅麹が用いられる．近縁種には有毒のものも存在する．

料は異なりますが微生物の力を借りて酒は作られています.

　滋賀県湖東地方で作られる寿司の一種に鮒寿司があります. これは鮒の内臓部分に米を入れた,熟れ寿司といわれるものの一種で,醗酵が進んだ食品です.これも乳酸菌の力で作られています.乳酸菌を用いる発酵食品として京都で生産される「すぐき」もあります.これらの食品は微生物によって醗酵されたものです.

key word

酒：
グルコースという糖を分解してエタノールを作る反応によって生産される飲料で,日本酒で用いられるグルコース中の炭素とテキーラで利用される炭素は異なっている.

ヨーグルト　　くさや　　納豆　　キムチ

[図8.1] 微生物を利用した食品の例

2) 微生物の染料での利用

　日本が伝統とする染料にも微生物の力を多いに利用しているものがあります.さまざまな色を示す染料は全て天然に存在するものから作られていました.その中で,比較的多くの量が作られていた染料に藍があります.第1次世界大戦の頃にドイツの会社による合成染料が開発されるまで,この藍は非常に貴重な染料でした.藍は,今も昔ながらの製法で作られているものがあります.まず藍は,原料がそのまま使われるのではありません.手間ひまかけて育てられた藍の葉を原料とします.藍は毎年3月頃に蒔かれ,6月から9月頃にその葉と茎が刈り取られます.刈り取られた茎と葉はよく乾燥させた後,葉と茎とに分けられます.この藍から染料を作るための寝床は3月頃に

1章　バイオ創薬と生命

39

作られ，9月に刈り取られた藍の葉が入れられます．5日目ごとに水を加えての切り返しが20回以上行われます．均一な醗酵が必要なので気温が下がる頃には保温もします．このような手数をかけて「すくも」となった藍は冬に製品となります．この藍が「すくも」になる醗酵過程でも微生物の力が働いていることが今は知られています．しかし先人は微生物の存在を知らずに微生物を利用してこのような染料を作っていたのです．

3）微生物の発見

1590年にオランダの眼鏡職人ヤンセン親子によって顕微鏡が作製されました．その後，さまざまな微小な生物の世界が見出されていくことになります．同じくオランダのレンズ加工職人レーヴェンフックは，自作の顕微鏡で数多くの微生物を見つけました．池や川の水の中を顕微鏡で観察し，その中に微生物が多数存在することを見いだしました．また，コショウの辛さ

藍の葉

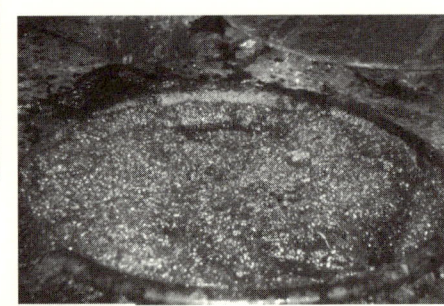

すくも

藍染の和服

[図8.2] 藍，すくも，製品の例

の元を探ろうとして，水につけておいたコショウの周りに多数の微生物が存在しているのも見いだしました．彼は，専門的な教育を受けた研究者ではなくレンズをみがく職人でしたが，これらの発見により英国の学会に迎えられています．レーヴェンフックの発見の後，英国人のフックはコルクを顕微鏡で観察したところ，コルクは小さな部屋の集まりだと見いだしました．これが細胞でした．ただ，コルクで実際に見えたのは細胞ではなく細胞の死骸でした．この発見は今から300年以上前の17世紀のことでした．その後，1857年にはパスツールによる乳酸菌の発見，1870～1883年にはコッホによる脱炭病病原菌・結核菌・コレラ菌の発見が行われていきました．

Q&A

Q1：食品でもっともよく用いられている微生物は何か．

乳酸菌で，ヨーグルトや酸味のある食品の加工に用いられています．

Q2：上にあげた以外で，微生物を利用した食品はあるか．

「くさや」や青カビチーズなど他にも多くの微生物を利用した食品が伝統的に作られています．

Q3．微生物を見つけるために用いられたものは何か．

顕微鏡が作られてはじめて微生物の存在が明らかとなりました．近年では電子顕微鏡を用いることにより微生物の細胞内の構造にも目が向けられるようになっています．

コラム｜納豆に見る先人の知恵

微生物の能力を利用してきた食品に，納豆があります．これは大豆を長期間保存するために用いられてきました．現在はどこのスーパーでも納豆はプラスチックの容器に入ったものが商品棚に並んでいます．しかし，もともと納豆は冬の保存食だったのです．この製造方法には先人の知恵が凝集しています．まず大豆を蒸しておきます．この処理で大豆をやわらかくして，微生物が処理しやすくするだけでなく，あらかじめ存在している微生物を殺すことにもなります．昔から納豆は稲藁に包んで作っていました．この稲藁は，沸騰している湯で処理されます．この時，納豆菌の元となる胞子が多数稲藁には付着していますが，その他の微生物は殺菌されてしまいます．熱湯で処理した後の稲藁には，納豆菌の胞子だけが残っていますので，包んだ大豆の表面で納豆菌だけが繁殖して，おいしい納豆ができるのです．昔の人たちは，この納豆菌の存在を知らなかったのですが，経験から非常に理にかなった方法で納豆を作っていたのです．ちなみに納豆は元来冬の保存食でしたので，冷蔵庫に入れておけば2カ月程度の保存は基本的には可能なのです．また，長期間，納豆菌による醗酵が進むとうまみ成分のアミノ酸が多く生産され，美味な納豆になります．

9 環境と微生物

- ❖ 想像を超えたさまざまな環境に生息する微生物，これらへのアプローチ．
- ❖ 特殊・極限環境中に生息する微生物とは．
- ❖ 現在単離培養可能な微生物は地球上の全微生物の1%以下で残りは未培養微生物．

1) さまざまな環境と環境へのアプローチ

　地球上には我々が生存している環境とは異なる多種多様な環境が存在しています．例えば，地上では火山・温泉周辺の高温環境，高山の上の空気が薄く気圧の低い環境，高山やツンドラのように一年中低温な環境などがあります．その他に死海やグレートソルトレークのような海水よりも塩濃度の高い場所や放射線が非常に強い場所もあります．温泉の中には酸性の強い場所もあれば，アルカリ性の強い場所もあります．また，海水中では，海底火山の近くの高温環境，海底近くの圧力の高い場所，同じく海底近くでほとんど酸素のないところもあります．地殻中にも高温，低酸素環境が存在します．

　地上の温泉など平地に存在する環境には比較的容易にアプローチできます．シャベルやひしゃくなどの道具を用いて容易にサンプリングも行えます．また，塩湖や塩田などにも比較的容易にアプローチできます．しかし，たとえ地上であっても高山やツンドラ地帯には，容易にアプローチすることはできません．かなりの装備と準備を必要とするのです．地殻内の環境へ

key word

温泉：
もっとも身近な極限環境の一つ．各温泉に含まれる成分が異なることから，異なる微生物をさがすことが可能．ただし，我々が入浴する温泉の湯は，タンクに溜められたものである場合が多いので浴槽から直接得るのは困難な場合が多いと思われる．

のアプローチには，特殊な坑道などからアプローチする以外の方法は困難です．

　海中の環境へのアプローチは更に困難なものとなります．特殊な潜水艇を用いてアプローチするしか手段はないのです．この潜水艇にはヒトが乗らずに母船の中から遠隔操作でコントロールする遠隔操作無人探査潜水艇（Remotely operated vehicle: ROV）と「しんかい」のような有人の探査潜水艇があります．たとえ有人であっても探査潜水艇の外部に出て作業するのは深海の場合不可能ですから，どちらの場合もさまざまな作業は遠隔操作するマジックハンドで行います．さらに，作業に必要な機器をこの潜水艇に設置する必要があります．これらの機器・装置は水深1000メートル以下の水圧でも影響を受けないような工夫が必要となります．

[図 9.1] 極限環境への様々な探査アプローチ

2）特殊環境と微生物

　前項で述べたように高温環境には多数の微生物の存在が確認されています．温泉や海底火山の周辺からは数多くの好熱菌という高温を好む微生物が見いだされて単離されています．高温環境に好熱菌が生息するように，さまざまな特殊環境には，その環境に適した微生物が生息しています．

　温泉には，酸性を示すもの，アルカリ性を示すもの，溶けている塩濃度が異なるものなど，さまざまな性質のものが存在します．これらの温泉にはそれぞれ性質の異なる好熱菌が生息しています．

　その他にもさまざまな特殊な環境が存在します．死海や塩田では，水分中の食塩濃度が非常に高くなって，飽和しているくらいです．このような食塩濃度の高いところにも微生物は生息しています．この微生物は古細菌の仲間で，塩田や岩塩がピン

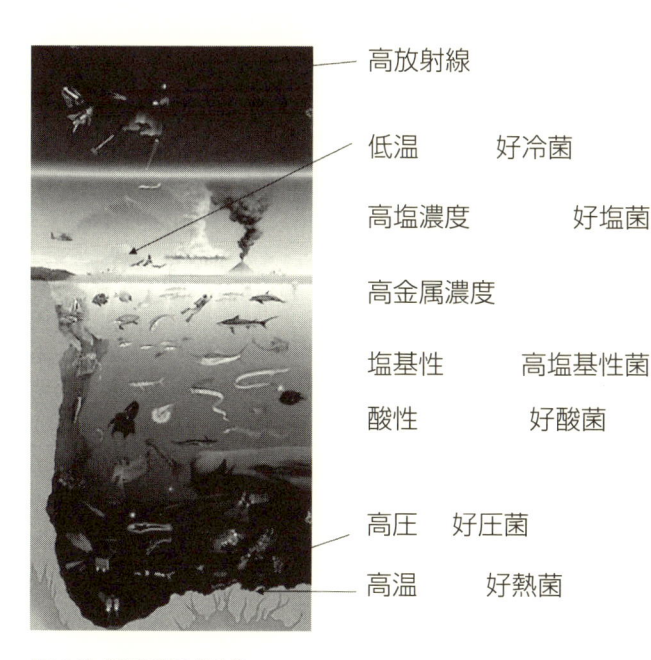

[図 9.2] 極限環境と微生物

- 高放射線
- 低温　　好冷菌
- 高塩濃度　　好塩菌
- 高金属濃度
- 塩基性　　高塩基性菌
- 酸性　　好酸菌
- 高圧　　好圧菌
- 高温　　好熱菌

ク色を示す原因となるバクテリオロドプシンを産生します．この化合物は眼が光を感じる本体物質であるロドプシンと似た構造をしています．

　また，放射線の強い場所には，放射線耐性微生物が生息しています．深い海底に生息している微生物は好圧菌で，圧力が無いと生きられないものがいます．高山のような環境では，夏でも氷に覆われていて温度が高くならない場所があります．ここにも微生物は存在し，それは好冷菌と呼ばれています．

　我々人類が想像もできない特殊な環境にもさまざまな微生物が生息していることが判ってきています．コマーシャルなどで言われているように洗剤に酵素が入っていることは広く知られていると思います．石鹸・洗剤は，洗濯の際に水に溶けるとアルカリ性になります．洗剤に加えられている酵素は基本的に好アルカリ菌から獲得されたタンパク質分解酵素や脂肪分解酵素なのです．これら微生物の能力を今後も利用していく必要があるのではないでしょうか．

3）未培養微生物

　現在，地球上に生存していると推定される微生物のうちのほんの1%以下のものだけが，分離・培養されていると言われています．微生物を染める染色剤による処理では，多数の微生物の存在が見いだされます．しかしその試料を用いて現在可能などの培地を用いても見出される微生物の大多数は培養できないのです．地球上に生存している全ての微生物のうち，99%の微生物は，その存在は見出されているものの，その微生物だけを単離して培養できていません．例えば，土や水のような環境サンプルからDNAを直接調製し，系統関係の解析に用いる16SリボソームRNA遺伝子のPCR増幅後，増幅断片の塩基配列解読の結果から，培養できない微生物が多数存在していることが見いだされています．

　DNAの解析から多数の未培養微生物の存在が見いだされていますが，これまでに利用されてきた微生物は，全て単離・培養されて，詳しくその性質が明らかにされ，その性質の中の有

用な物質は利用されてきました．しかし，その微生物がいくら産業的に有用な性質を有していても，培養できないと従来のように培養を用いる手法では有効に利用することができません．そこで，今後は環境中のDNAを利用して目的とする遺伝子の配列を直接獲得するという手法が重要になると考えられています．

Q&A

Q1：環境中から得た遺伝子情報でも特許は獲得できるか．

　遺伝子情報のみでは特許は獲得できません．遺伝子が生産するタンパク質などの遺伝子産物の産業有用性のある機能を明らかにすると特許を取得できます．ただし，特許取得前に塩基配列情報や推定遺伝子機能の情報が公開されていると特許の取得が難しくなります．

Q2：食品の放射線滅菌処理でも生き残っていた菌はどのような菌か．

　缶詰工場では，滅菌処理の際に放射線を利用していました．普通の細菌や微生物は大部分死滅するのですが，生き残っていたものが発見されました．それが*Deinococcus radiodurance*という放射線耐性菌でした．自身のゲノムDNAが放射線によって損傷を受けても直ちに修復する機構を持っていることが明らかとなっています．（注：日本では，現在はじゃがいもの発芽防止に放射線処理は認められています．）

Q3：これまでの，環境からの遺伝子情報の獲得の例はどのようなものか．

　これまでに海洋中の細菌・古細菌の遺伝子情報の獲得，海洋中のウイルス情報の獲得，金属鉱山中の酸性水に存在する微生物マット中の遺伝子情報などが解析されています．

コラム　環境からの遺伝子情報の獲得

環境中に存在する遺伝子を見出す際には，これまでに見いだされているさまざまな種の相同遺伝子の配列を比較して，特にどの種由来の遺伝子でも類似している領域は未知生物の類似遺伝子でも保存されているという推定が利用されます．相同性の高い領域からデザインしたPCR用のプライマーを用いて環境由来DNAを鋳型にしたPCR反応を行い，目的とする遺伝子が存在するかについて検索できます．この解析の結果，数多くの未培養微生物由来類縁遺伝子の存在が見いだされてきました．しかし，これら新規遺伝子を利用するためには遺伝子の全長配列が必要です．PCR断片の塩基配列を足がかりにして遺伝子全長を獲得するのは非常に困難です．現在，世界中の多くのベンチャー企業などがより性能の高いDNAポリメラーゼを環境から探索する取り組みを行なってきましたが，実際に商品化されたものはほとんどありません．環境からの遺伝子利用にはまだまだ多くの障害を克服しなくてはなりません．

2章 ゲノム解析と組換えDNA

10 ゲノム解析とは

❖ ゲノム解析の対象に合った解析手法の選択が重要.
❖ ゲノム解析では，ライブラリーの構築から計算機によるゲノム配列構築までの一貫した戦略が重要.
❖ ゲノム解析の実際，微生物のゲノム情報の獲得の例.

1) ゲノム解析の対象

　ゲノム解析の対象は，2～3メガ塩基対のゲノムを有するアーキアから数メガ塩基対程度のゲノムサイズである細菌，約30億個の塩基が連結しているヒトのゲノムまでが対象となります．その他にさらにゲノムサイズが数キロ塩基対程度と小さいウイルスもゲノム解析の対象となります．ウイルスや細菌などの微生物の遺伝子領域はDNA上に各々が独立に，遺伝子領域内に切れ目なく存在します．そこで微生物の場合は，ゲノムDNAの塩基配列を決定するとそのまま全ての遺伝子情報を獲得できるのです．ところが，「真核生物」ゲノム上の遺伝子領域にはイントロンと言われるタンパク質の配列情報を含まずメッセンジャーRNAとなる際に抜け落ちる領域があります．そのためゲノムDNAの塩基配列を決定したとしても，多くの不要な情報が含まれています．そこで真核生物のゲノム情報を獲得するためには，タンパク質合成の鋳型情報のみを持つメッセンジャーRNAの情報を獲得する必要があるのです．つまり，これらのゲノム塩基配列を解析していくには，対象に合った解析手法・戦略を選択することが必要になります．

key word

アーキア：
タンパク質合成の工場であるリボソームに含まれるRNA分子の配列比較により真正細菌と区別された原核生物群．真核生物の祖先だと考えられている．

key word

真核生物：
遺伝子の総体をなす染色体を核と呼ばれる区画内に保持している生物で比較的高等な生物である．染色体が核に囲まれていない生物は，原核生物と呼ばれていたが，現在は真正細菌とアーキアに分類されている．

2) 対象のちがいによるゲノム解析の戦略

　真核生物の遺伝子領域情報を獲得する際には，メッセンジャーRNA相当の領域の塩基配列を解読する必要があります．メッセンジャーRNAを精製して1種類のみを単離することは不可能なので，RNAによる塩基配列解読手法を適用することはできません．そこで，得られたメッセンジャーRNAを使いやすいDNAに変換する必要があります．ここで用いられるのがリバーストランスクリプターゼと呼ばれるRNAからDNAを合成できる酵素です．真核生物のメッセンジャーRNAには，ポリAと呼ばれるアデニンが連続した領域が3'末端に存在しています．このポリA領域に相補的なチミンが連続したDNAを人工的に合成します．このオリゴdTを，メッセンジャーRNAのポリA領域に結合させ，これを出発材料にリバーストランスクリプターゼを用いてDNA鎖を合成していきます．このFメッセンジャーRNAから合成されたDNAをcDNAと言います．

> **key word**
>
> ポリA：
> メッセンジャーRNAの3'末端に存在するAが連続した部分．真核生物のmRNAにのみ存在する．RNA切断シグナル配列の3'側を切断して付加される．mRNA95末端はキャップ構造を作っている．

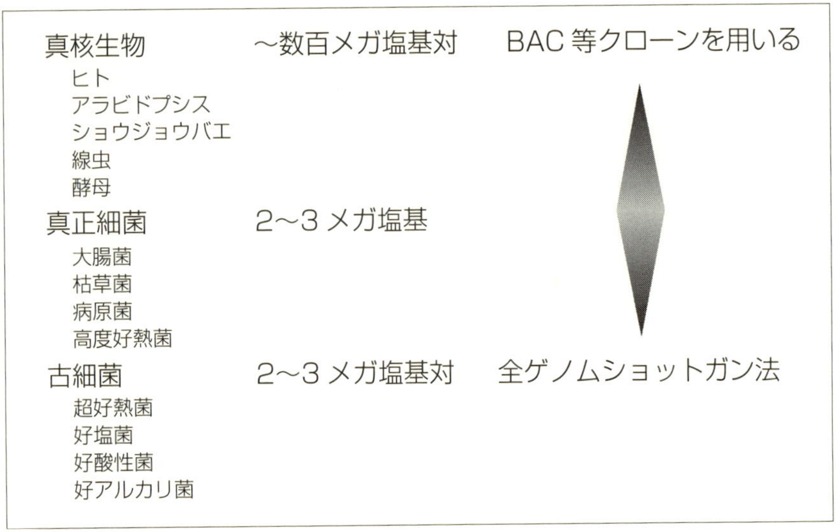

```
真核生物        ～数百メガ塩基対      BAC等クローンを用いる
  ヒト
  アラビドプシス
  ショウジョウバエ
  線虫
  酵母
真正細菌        2～3メガ塩基
  大腸菌
  枯草菌
  病原菌
  高度好熱菌
古細菌          2～3メガ塩基対        全ゲノムショットガン法
  超好熱菌
  好塩菌
  好酸性菌
  好アルカリ菌
```

[図10.1] ゲノム解析の戦略

このcDNAをクローニングして塩基配列を解析すると，タンパク質の合成に必要な情報のみをコンパクトに持つ分子の塩基配列を獲得できます．
　ゲノムサイズの小さな微生物のゲノム塩基配列を決定する場合には，ゲノム全体を2～3キロ塩基対程度の小さな断片に分断して，その断片の両末端の塩基配列をキャピラリー式の自動シーケンサーで多数解読して，コンピュータ上でつなげていきます．数メガ塩基対程度の微生物のゲノム塩基配列であれば，数万個の素データからスタートするとほぼ全体の塩基配列を構築できます．この手法をホールゲノムショットガン法と呼びます．
　真核生物のゲノム塩基配列を解読する際，多数の自動シーケンサーと大きなコンピュータを擁している場合には，微生物の場合と同様にホールゲノムショットガン法を用いることができます．しかし，一般的な研究室では真核生物サイズのゲノムを対象とする場合には，一度中間の大きさのクローンライブラリーを構築して，各クローンごとの塩基配列を決定していく方が現実的です．この中間サイズのクローンとしては，BACやYACなどのメガサイズの挿入断片を安定的に保持できるベクターを用いたクローンライブラリーが用いられるケースが多いのです．

3）ゲノム解析の実際

　ゲノム解析の実例として，好熱古細菌ゲノムの全塩基配列を決定した場合について示したいと思います．好熱古細菌のゲノムサイズは小さく1.6メガ塩基対～2.6メガ塩基対程度のサイズのゲノムを有しています．そこで，最初にゲノム全体をカバーできるように「ホールゲノムショットガン」クローンから数万個分のデータを収集します．これらをまず計算機で連結していきます．その時，ほぼ同一の配列が複数個所に出現する「繰り返し配列」がゲノム中に含まれているとコンピュータではどの配列由来かの判断はできないので，誤ったゲノム配列を構築する可能性があります．そこで，この「繰り返し配列」は

> **key word**
>
> **BAC：**
> **YAC：**
> Bacterial Artificial Chromosome, Yeast Artificial Chromosomeの略称で，大腸菌，酵母の中で1コピーで維持されるベクター，長大な挿入断片でも安定的に維持することができる．

ゲノム配列構築の際のコンピュータでの連結操作時に用いないような操作を行います．微生物の場合には「繰り返し配列」が存在してもその個数も出現頻度も比較的多くはありませんが，真核生物では個数も出現頻度も多いのでその処理の仕方によっては，その後の作業効率に大きく影響を与えることもあります．

　この段階で，コンピュータを用いて構築された連続配列コンティグだけでは，微生物であってもゲノムの全ての領域をカバーすることは不可能です．コンピュータで構築された塩基配列が途切れている部分を「ギャップ」と言います．このギャップを埋めていく作業が次に必要になります．基本的には連続している配列の末端領域の特異的塩基配列からPCR用プライマーを設計・合成して他のコンティグから設計されたプライマーとの全ての組み合わせのPCR反応を，ゲノムDNAを

> **key word**
>
> **コンティグ：**
> コンピュータ上で連結された個々の塩基配列解読データのつながり．また物理的なクローンのつながりの場合にも用いる．

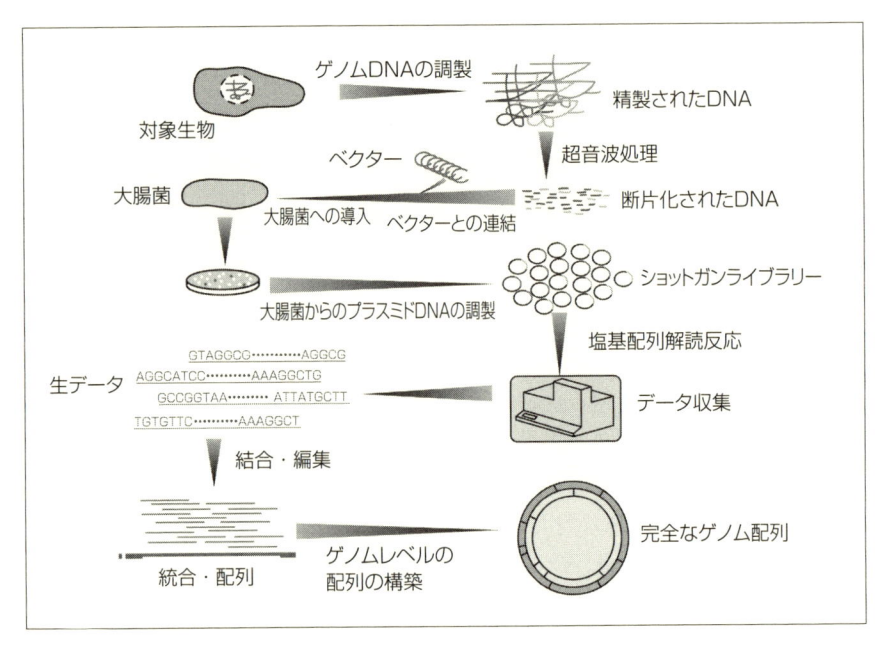

[図10.2] ゲノム解析の作業手順

鋳型として行うと，PCR増幅断片が見いだされたコンティグ同士が隣り合っていることを示します．この得られたPCR断片は，元々のギャップ領域をカバーしますから，このPCR断片の塩基配列を決定することで，ギャップのない塩基配列を決定できます．

Q&A

Q1：ゲノムサイズの大小によりゲノム解析の戦略はどうちがうのか．

　ゲノムサイズの比較的小さい微生物の場合，ゲノムDNAをそのままランダムに断片化してデータを得るホールゲノムショットガン法が用いられます．しかし，ヒト等の高等生物のようにサイズの大きなゲノムの場合，ホールゲノムショットガン法での処理には巨大な計算機システムが必要とされるので，中間段階のBAC，YACといったサイズのクローンを用いることが現実的です．

Q2：ショットガン法で重要なことは何か．

　よりランダム性の高いショットガンライブラリーを作製することで，データ収集の効率が大きく変わってきます．また，多数のデータの相互比較を迅速に行える計算機能力も必要です．

Q3：ゲノム解析の最終段階で行うことは何か．

　ショットガン法で得られたコンティグ間は，ギャップとなりますが，このギャップをなくしていく作業が最終段階となります．このとき，PCRによってギャップをカバーする断片を獲得する必要があります．この最終段階の労力は，それまでの労力とほぼ同等が必要です．

コラム｜最初のゲノム解析と生物学へのインパクト

最初のゲノム解析の成果は，当時 NIH（アメリカ国立衛生研究所）のレセプター部部長だった JC. Venter 博士たちのグループによって 1992 年に発表されました．同グループはヒト脳中で発現している遺伝子由来 cDNA クローンの 2,375 個の塩基配列を決定しました．その後 Venter 博士は The Institute for Genome Research TIGER というゲノム解読に特化した研究所を設立しました．その研究所から，自立増殖する生物としての微生物ゲノムの全塩基配列が 1995 年に初めて報告されました．Haemophilus influenzae という微生物ゲノムの全塩基配列でした．それまで，生物が示す何らかの現象をまず解析し，次にその原因である酵素などの物質を明らかにし，最後に関連する遺伝子や cDNA を探してその塩基配列を決定するという流れが研究だと思われていました．しかし上記ゲノム塩基配列の成果発表以降，まず塩基配列を解読して全ての遺伝子情報を明らかにし，興味ある遺伝子の機能を解明するというように研究の流れが全く変化したと言っても良いでしょう．

11 ゲノム情報から判明すること

- ❖ ゲノム塩基配列から明らかになる情報とは何か？
- ❖ 各遺伝子情報から明らかになる情報とは何か？
- ❖ 全ゲノム情報を用いた生物間の比較とは？

1）塩基配列から判明すること

　直接塩基配列から判明する情報がいくつか存在します．その代表的なものが，塩基配列自身が遺伝子となるものです．例えば，リボソーム RNA（rRNA）やトランスファー RNA（tRNA）などは DNA にコードされている遺伝子から直接作られる RNA が機能を有するものです．これらの RNA 分子に関する情報は DNA の塩基配列から直接読み取ることができます．tRNA は独特のクローバー型の形状を示すことが明らかとなっています．そこで，ゲノム DNA から決定された塩基配列の中から tRNA らしい形状を示しうる領域を見つけ出し，tRNA 遺伝子の存在を推定できるのです．この原理を用いた tRNA 検索用のソフトウエアは既に開発・公開されていて，広く利用されています．rRNA は tRNA と異なり特定の形状を示しません．そこで，この遺伝子領域を見いだすためには過去に解明されている rRNA 遺伝子と比較して似ている領域をその遺伝子として検出しています．これら 2 つの RNA 分子は，どちらもタンパク質を合成する際に使われるもので，タンパク質合成を行う場を構築している分子とそこへタンパク質合成に必要なアミノ酸を運搬する分子です．

key word

ゲノム解析：
ゲノムの塩基配列や遺伝子産物情報がゲノム解析で明らかにできる．遺伝子の機能が推定できるので，その生物の特徴を明らかにできる．これらの情報を組み合わせることで生物間の新たな比較にも結びつく．

key word

トランスファー RNA：
タンパク質合成に必要なアミノ酸をタンパク質合成の工場であるリボソームに運搬する RNA．全体がクローバーの形をしており，3'末端に CCA という配列を持ち，この末端にアミノ酸を結合する．

2 章　ゲノム解析と組換え DNA

key word

イントロン：
タンパク質を作るために必要な情報が真核生物では機能ごとに分断されている．その分断されている情報を含まない領域をイントロンと呼ぶ．この領域はメッセンジャーRNA中で切り出されてしまう．

key word

コドン：
3塩基の並びが1つのアミノ酸に対応する際の塩基の並びのこと．総計64個のコドンのうち1つはスタート兼メチオニンに，3つは終止コドンとなる．

key word

翻訳：
塩基配列をもとにアミノ酸配列に置きかえること．また細胞中で起こっている現象．コドンのデータを用いる．

key word

データベース：
DNAやタンパク質のヌクレオチド配列・アミノ酸配列データを集めたもの．単なる配列だけでなくその由来，機能等も記載されている．インターネットを経由して世界中からアクセスできるものが大部分である．

その他に，ゲノム中に存在する「繰り返し配列」も塩基配列そのものから見出せますし，隣り合った2塩基が示すパターンも解析できます．

2）遺伝子情報から判明すること

　ゲノム塩基配列を解読して最も求めたいのは，タンパク質の情報をコードしている遺伝子の情報です．微生物の場合には，タンパク質をコードする遺伝子中にほとんどイントロンは存在しないので，ゲノムDNAの塩基配列の中からスタートコドンとストップコドンを同じフレーム上に一定の距離を置いて見いだすことができれば，その間が遺伝子の候補であるオープンリーディングフレーム（ORF）とされます．このようにORFを遺伝子であると仮定するとORFがオーバーラップしたり，両方のDNA鎖に重複して現れたりします．それら全てのORFを含めて，古細菌では遺伝子領域として選択しました．一方，遺伝子領域に独特の塩基の並びから遺伝子領域以外と区別して遺伝子領域を見いだすソフトもいくつか開発されています．しかし，真核生物の遺伝子はイントロンによって大きく分断されていますので，このようなソフトウエアで見出すことは非常に困難です．

　上で見いだした遺伝子・ORF領域についての塩基配列からは，そのままでは遺伝子の機能や遺伝子産物の活性に関する情報を得ることはできません．そこで予測されたORF・遺伝子領域の塩基配列を遺伝子産物のアミノ酸配列に変換します．3個の塩基の並びが1個のアミノ酸に相当します．このルールに従って各遺伝子・ORFから「翻訳」されたアミノ酸配列を用いて，タンパク質のアミノ酸配列が集められているデータベースとの比較を行い，アミノ酸配列の類似性が高いものは機能・活性も似ているという前提で各遺伝子の機能を推定していきます．

```
1. 塩基配列から直接判明すること

    ゲノムのサイズ

    塩基配列

    制限酵素地図

    塩基配列から ▶ 繰り返し配列，RNA 遺伝子，2bp のパターン

1. 各遺伝子の配列から判明すること

    蛋白質遺伝子から ▶ 各遺伝子の機能，遺伝子の区分，
                       各遺伝子の特徴，微生物の特徴

    ゲノム全体の特徴 ▶ 比較，系統学的解析，組換え，複製
```

[図 11.1] ゲノム解析から判明すること

3) ゲノム情報の比較

　従来，生物の比較は形状や大きさなどを用いて行われていました．その後，分子生物学の発展に従って塩基配列情報の獲得が容易になるにつれて，多くの生物のさまざまな遺伝子の塩基配列が解読されていきました．それらの遺伝子の中でも特に大部分の生物に共通して存在する遺伝子の塩基配列の違いが解析されるようになりました．特に微生物の場合，タンパク質合成工場であるリボソーム中に存在する小サブユニット中の RNA 分子 16S リボソーム RNA の塩基配列の違いが系統的な違いとよく一致することが見いだされました．その後，真正細菌・古細菌などの微生物の属や種の同定や，系統関係の解明については，この 16S リボソーム RNA 分子の塩基配列比較によって行われてきました．しかし，この 16S リボソーム RNA 分子の塩基配列比較からは，その微生物が有する遺伝子群全ての比較ができるわけではありません．これまでは，ゲノムサイズの

> **key word**
>
> **組換え:**
> DNA の類似の配列間で DNA が入れ換わること。遺伝子の大きな位置の変換が起こる。

> **key word**
>
> **重複:**
> 遺伝子等の DNA 領域が、他の位置にも増殖すること。最初は同一の二つの遺伝子であるが、徐々に機能により配列も変化して、それぞれの役割に分化すると考えられる。

塩基配列の解読は非常に困難でしたが、近年の技術進歩により数メガ塩基対程度の微生物ゲノム塩基配列を決定することは比較的容易になってきました。そのゲノム塩基配列から獲得できる遺伝子情報全体の比較もできるようになってきました。今後は、特に微生物でゲノム全体の情報をも用いた比較解析が行われるようになると思われます。

また、近縁種のゲノムを比較して、ゲノムに起こった過去の「組換え」や「重複」というゲノムのダイナミックな変化を探ることもできます。

ゲノム全体の比較とは何か？

系統解析
  系統的な類縁性の確立

ゲノムの組換えの検出
  長大な領域の比較から検出される
  ゲノム変化の歴史をたどることが出来る

ゲノムの重複
  自分自身が有する遺伝子配列の比較から見出される

遺伝子の水平伝播
  他の生物のDNAとの強い類似性から見出される
  全くデータベースと類似性が見出されない領域は未知生物由来とも考えられる

[図 11.2] ゲノム全体の比較の例

Q&A

Q1：塩基配列がそのまま機能する遺伝子は何か．

リボソーム RNA（rRNA），トランスファー RNA（tRNA）等です．最近は SnRNA 等の RNA 分子も見いだされています．

Q2：タンパク質の配列情報はなぜ重要なのか．

生物が有するさまざまな機能の大部分は，タンパク質・酵素によって担われています．各タンパク質が持つ役割の大部分は，そのアミノ酸配列によって規定されています．そこで，配列が判明するとその機能が推定できます．

Q3：タンパク質の機能はどのように推定されるのか．

過去に実験的に機能や活性が解明されている酵素・タンパク質のアミノ酸配列との比較を行い，配列の類似度が高いと，その機能も類似していると推定します．

コラム｜配列比較による機能推定の落とし穴

ゲノム解析において，各遺伝子の機能は，これまでに実験的に機能・活性が明らかになっている遺伝子との配列の比較・類似性で推定されています．しかし，現在のデータベース中のデータの大部分はゲノム情報由来で，実験的な確認のないものです．データベースとの配列比較で類似度が高いと見いだされたものがゲノムデータ由来だというケースが多くなります．たとえば，この比較のもととなった遺伝子Cと類似度の高いゲノム由来データAは，実験的に確認されている遺伝子Bのデータとの類似度が高いとしても，CとBの類似度が高くない場合があります．このようなケースの機能・活性の推定に関するルールはありません．今後の課題です．

12 組換えDNAの基礎

❖ 組換えDNAへの基盤，組換えDNAに結びついたものとは．
❖ 組換えDNAに用いるツール，「ハサミ」と「のり」として用いる酵素たち．
❖ 組換えDNA技術，原理と実際．

1）組換えDNAへの基盤

　組換えDNAとは，異なった生物由来のDNA分子同士を連結したり，切り離したりする技術を言います．組換えDNA技術で用いられることが多い大腸菌に関しては，微生物学・遺伝学の研究対象としての歴史があり，その基盤の上に組換えDNA技術が生まれました．大腸菌は，普段は自分自身を分裂させることによって増殖しますが，一定の回数の分裂を行うと細胞の勢いが落ちてきます．その時には2匹の大腸菌が接合してゲノムDNAを混合・再配分します．そうすると再び元気になります．このとき実は動物がもつオス・メスのような性に近いものがあり，それをつかさどるのがFプラスミドなのです．このFプラスミドを有する大腸菌から持たない大腸菌へゲノムDNAが送り込まれます．送り込まれる順番を解析することで，大腸菌のゲノム上に位置する遺伝子の位置が決められていったのです．その他に大腸菌特有の抗原をコードするColE1プラスミドがありますが，現在の組換えDNA技術で用いるベクター（運び屋）は，このプラスミドから派生したものが用い

---

key word

組換えDNA技術：
たとえば病気に強いという遺伝情報を持っているDNAを人工的に他の生物のDNAに組み込んだりする技術．

key word

大腸菌の遺伝子地図：
大腸菌の遺伝子地図は，Fプラスミドに従って送りこまれる時間によって位置づけられた．全てが送りこまれるのに60分かかることから××分という位置で遺伝子の場所が呼ばれている．

られています．このDNAを大腸菌の菌体内へ人工的に送り込む操作が「形質転換」と言われる手法で，大腸菌を高濃度の塩化カルシウムで処理すると外部のDNAを大腸菌は取り込むことができます．外部のDNAが入ったことを検出するために用いられているのが，抗生物質に対する抵抗性遺伝子です．この遺伝子を持たない大腸菌は抗生物質を含有する培地上では増殖できませんが，この遺伝子を有すると抗生物質を含有する培地であっても増殖できることから大腸菌の中にDNAが導入されたか検定する指標として用いられます．これらの基盤的技術が総合したものとして組換えDNA技術は開発されたのです．

2) 組換えDNAに用いるツール

図12.1に示したようにこの技術では，DNA分子を切断するハサミの役割とDNA分子同士を結合する糊の役割のものを必要とします．DNAの目的とする場所を切断するハサミとして用いられたのが制限酵素と呼ばれるDNAの特定の配列の位置を切断できる酵素です．このハサミによって切断したDNAを異種DNAに連結することで異種DNAを大腸菌などの利用しやすい微生物の中での増殖が可能となります．この連結する糊の役目をするのがDNAリガーゼと呼ばれる酵素です．この酵素はNADやATPなどを利用して，隙間はないが連結されていない2本鎖DNAを共有結合することができます．組換えDNAによく用いられるのは，大腸菌に感染するバクテリオファージT4が有するDNAリガーゼで，この酵素はATPを利用することから取り扱いが容易なので，糊としてよく利用されています．

> **key word**
>
> **異種DNA：**
> ベクターと呼ばれる大腸菌など利用しやすい微生物内で独立に増殖する小さなDNA．

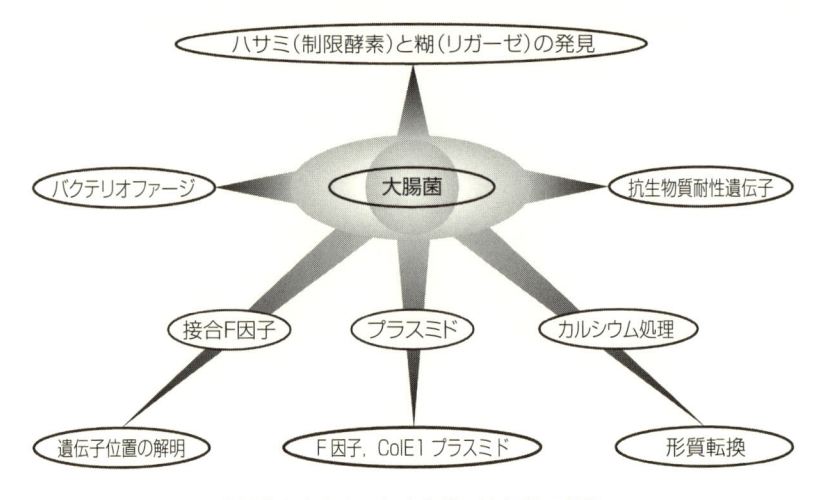

```
         ハサミ(制限酵素)と糊(リガーゼ)の発見
バクテリオファージ        大腸菌          抗生物質耐性遺伝子
    接合F因子    プラスミド    カルシウム処理
 遺伝子位置の解明   F因子,ColE1プラスミド    形質転換
```

大腸菌を中心とした生化学・遺伝学の蓄積

[図 12.1] 遺伝子組換えの基礎

3) 組換え DNA 技術の原理と応用

　組換え DNA では，ハサミで切断した DNA 断片は，大腸菌などの異種宿主の中で自己増殖することができるベクターと呼ばれる DNA 鎖に糊を用いて連結されます．このベクターには，上で示したプラスミド由来のものと，大腸菌に感染するウイルスの一種であるバクテリオファージ由来のものとがあります．どちらも大腸菌を宿主として増殖することができます．このベクターに外来 DNA を結合することで，外来 DNA もベクターが増殖するのに連れて増殖します．さらにプラスミドやバクテリオファージが大腸菌 1 匹に入り込めるのは，1 個だけと決められているのです．ですから，外来 DNA を連結したベクターを取り込んだ大腸菌を 1 種類選択して，増殖させるとベクターに連結された外来 DNA の 1 種類を増殖させることができるのです．この 1 種類の DNA だけを増殖させて手に入れることをクローニングと呼びます．この操作によってクローニン

グされたDNAは塩基配列の解読や，遺伝子領域にコードされているタンパク質の生産などに用います．このように組換えDNA技術は，現在の分子生物学研究で最も重要な技術の1つです．

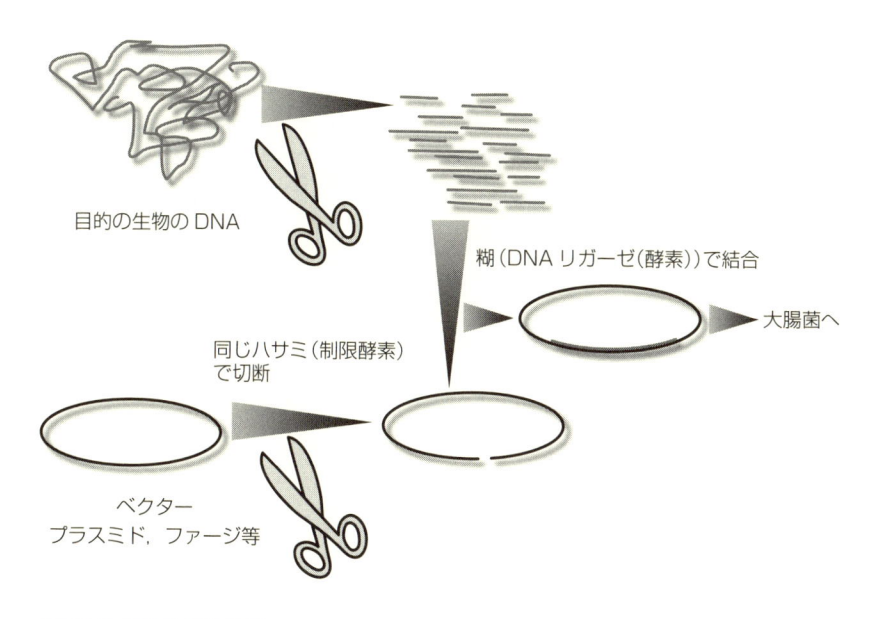

[図 12.2] 組換え DNA 技術

Q&A

Q1：組換え DNA 技術は，特許化されたのか．

　組換え DNA 技術を開発したスタンフォード大学が特許を取得しました．しかし，広く利用してもらうために，特定の機関に独占実施権を与えるのではなく，さまざまな機関が使用できるようオープンにしてこの技術の普及を図りました．

Q2：組換え DNA 技術によって生物学は変わったのか．

　それまでは生化学のように物質を扱っている分野もありまし

たが，生物学の基本は博物学でした．この植物とこちらの植物はここが違うというような点を見つけていたのです．分子生物学では生命現象を分子で説明しようとするところがそれまでの生物学と異なる点でした．

コラム｜DNAを切断するハサミ——制限酵素

制限酵素で用いられている「制限」とは，本来，微生物にはウイルスの一種であるファージが感染しますが，感染できるファージの種類は特定のものに限られています．この現象が「制限」と呼ばれていました．この現象の本質が，実は宿主となる微生物の中に感染してくるファージのDNAを切断する酵素によるものであることが判ってきました．この酵素が制限酵素で，実際には2本鎖DNA中の4塩基，6塩基，8塩基という長さの特定の配列を見つけ出して切断するという性質を有することから，DNAの特定の位置を切断するハサミとして用いられているのです．

13 塩基配列解読法

- ❖ RNA による分析法，酵素分解法・ホモクロマトグラフィー法など．
- ❖ マクサム・ギルバート法，化学的に DNA を分解する分析法．
- ❖ サンガー法，酵素による伸長を止める分析法．

key word

DNA の方向：
DNA の方向はその構成成分である糖の位置 5' 及び 3' で表す．

key word

塩基配列解読：
特定の塩基の切断または合成の阻害により長さの異なる核酸分子を作り，それらを塩基の長さが異なる核酸分子を分けて行われる．

key word

放射性同位元素：
陽子の数が同じで，中性子の数が異なる同位体の中で，比較的不安定で中性子を分解した際にβ線（電子）やγ線を放出する元素．

key word

X線フィルム：
放射性同位元素が放出する放射線を検出するために用いられる．放射線が当たったところは，光が当たったと同じように黒化する．

1) RNA による分析法

DNA を用いた塩基配列解読手法が開発されるまでは，RNA 分子を用いた塩基配列解読が主に行われていました．この RNA を用いた塩基配列解読手法の基礎となったのは，特定の塩基の後ろを切断する RNA 切断酵素が見出されていたことでした．例えば，RNase T1 は G の 3' 側を，RNase U2 は A の 3' 側を，RNase PhyM は A と U の両方の 3' 側を，RNase CL3 は C の 3' 側を特異的に切断することが知られています．そこで，調製した 1 種類の RNA 分子の末端を標識します．昔はこの標識は「放射性同位元素」主に P^{32} で行われていました．上記の酵素で，分子中 1 箇所だけが切断されるような弱い条件で標識されている RNA 分子を分解処理してやると，RNase T1 で処理した場合いずれかの G の 3' 側で RNA 鎖は切断されます．1 塩基ずつ長さが異なる RNA 断片を分離できるゲルで，これらの酵素で処理した RNA 断片を分離する時に RNase T1，U2，PhyR で処理した RNA 断片を同じゲルで分離します．これを X 線フィルムに感光させます．すると放射性同位

元素が結合した断片だけがフィルム上に黒くなって現れます．このフィルム上の黒いバンドの位置を順に辿ることで，塩基配列が解読できます．DNA の塩基配列解読法を開発したサンガー博士は，RNA の塩基配列解読法も開発しています．それがホモクロマトグラフィー法です．RNaseT1 または A で部分分解した RNA 断片を放射性同位元素で標識し，分解産物を二次元濾紙電気泳動で解析する手法です．

> **key word**
>
> 電気泳動：
> 寒天のような担体中を電気的に物質を移動させ，分離する手法．

2) マクサム・ギルバート法

ある DNA 鎖の塩基配列を解読する有効な手法の1つとして開発されたのが，マクサム・ギルバート法です．この手法では，特定の DNA 鎖を AGCT の各塩基が存在する位置で化学的に切断することが基本原理です．この時全ての A の位置を

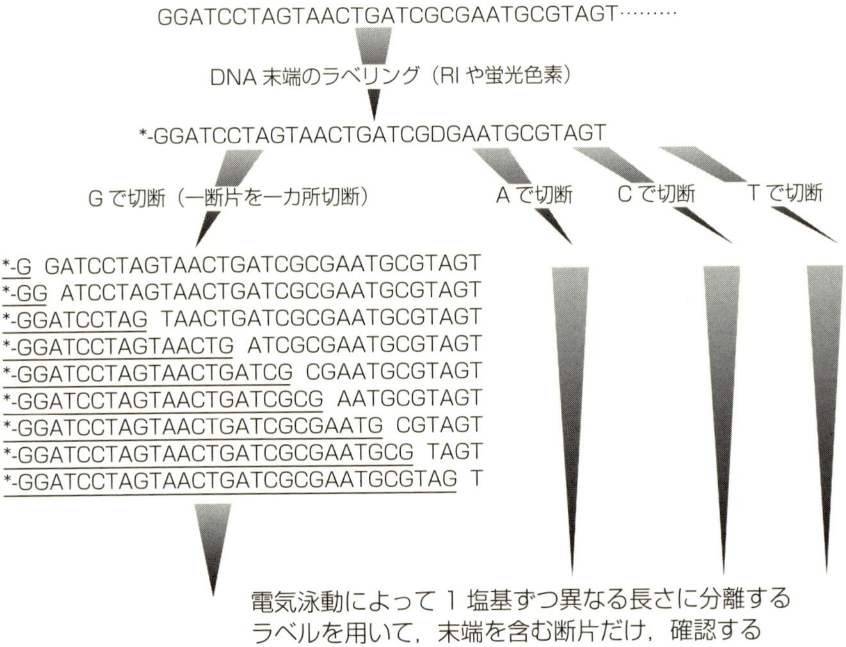

```
GGATCCTAGTAACTGATCGCGAATGCGTAGT………
```

DNA 末端のラベリング（RI や蛍光色素）

```
*-GGATCCTAGTAACTGATCGDGAATGCGTAGT
```

G で切断（一断片を一カ所切断）　　　A で切断　　C で切断　　T で切断

```
*-G GATCCTAGTAACTGATCGCGAATGCGTAGT
*-GG ATCCTAGTAACTGATCGCGAATGCGTAGT
*-GGATCCTAG TAACTGATCGCGAATGCGTAGT
*-GGATCCTAGTAACTG ATCGCGAATGCGTAGT
*-GGATCCTAGTAACTGATCG CGAATGCGTAGT
*-GGATCCTAGTAACTGATCGCG AATGCGTAGT
*-GGATCCTAGTAACTGATCGCGAATG CGTAGT
*-GGATCCTAGTAACTGATCGCGAATGCG TAGT
*-GGATCCTAGTAACTGATCGCGAATGCGTAG T
```

電気泳動によって1塩基ずつ異なる長さに分離するラベルを用いて，末端を含む断片だけ，確認する

[図 13.1] 化学法（マクサム・ギルバート法）の原理

切断するのではなく，DNA断片中の全てのAのうち1箇所が切断されるような条件で切断します．すると図にあるように，さまざまな位置で切断されたDNA断片ができます．これを尿素を含んだポリアクリルアミドゲル中で電気泳動すると，1塩基長さが異なるDNA断片を分離できます．このDNA断片の末端を標識しておき，AGCTの位置で分解された断片を並べて，ポリアクリルアミドゲルで分離した後，X線フィルムに感光させると標識された末端を含む断片だけがフィルム上に黒くなって現れます．この黒くなったシグナルは，丁度アミダのように末端からの塩基配列を示しています．この方法は確実に塩基配列を解読できますが，末端が標識された純粋なDNAを調製するのに時間がかかること，電気泳動の際同時に4つのレーンを使い，多量の塩基配列の解読には向いていないため，現在は主流の塩基配列解読手法ではなくなりました．

3）サンガー法

マクサム・ギルバート法がDNA鎖を分解した断片を用いて塩基配列を解読する手法であったのに対して，サンガー法ではある位置からDNA鎖を合成していき特定の位置で合成を止めるのを基礎としています．現在一般的にキャピラリータイプなどの自動シーケンサーで用いられている塩基配列解読の手法は，サンガー法を応用したものです．プラスミドなどの均一なDNA鎖は普通は2本鎖になっています．しかし，この2本鎖DNAは95℃以上の高温にさらすと分かれてばらばらの1本ずつのDNAとなります．この状態のDNA鎖に化学的に合成した短いDNA鎖プライマーは，温度を徐々に下げる際に正確な塩基対を作る場所にはりつきます．このことをDNA鎖のアニールまたはアニーリングと呼びます．同じ原理はPCRの際にも利用されています．このアニールしたプライマーの続きにDNAポリメラーゼを用いてDNA鎖を合成させてやります．この時合成されるDNA鎖は，最初に高温にすることによって1本鎖にしたDNAの塩基配列と正確に対になるように合成されます．この合成時に合成が止まるような基質をほんの少し混

合しておくとさまざまな位置まで合成されたDNA鎖を作れます．この合成を止める時にAで止める，Gで止める，Cで止める，Tで止める場合に合成されたDNA鎖をポリアクリルアミドゲルの隣同士の位置で1塩基の長さごとに分離してやると，上のマクサム・ギルバート法と同様にアミダのようなシグナルを得ることができます．これを順に辿っていくと塩基配列を解読できます．

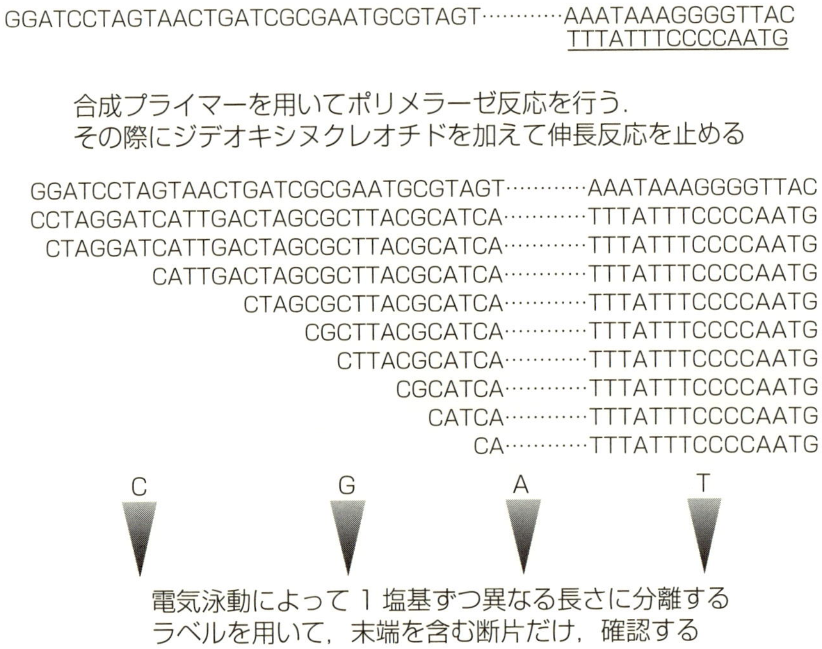

```
GGATCCTAGTAACTGATCGCGAATGCGTAGT………AAATAAAGGGGTTAC
                                  TTTATTTCCCCAATG
```

合成プライマーを用いてポリメラーゼ反応を行う．
その際にジデオキシヌクレオチドを加えて伸長反応を止める

```
GGATCCTAGTAACTGATCGCGAATGCGTAGT………AAATAAAGGGGTTAC
CCTAGGATCATTGACTAGCGCTTACGCATCA………TTTATTTCCCCAATG
 CTAGGATCATTGACTAGCGCTTACGCATCA………TTTATTTCCCCAATG
      CATTGACTAGCGCTTACGCATCA………TTTATTTCCCCAATG
          CTAGCGCTTACGCATCA………TTTATTTCCCCAATG
            CGCTTACGCATCA………TTTATTTCCCCAATG
             CTTACGCATCA………TTTATTTCCCCAATG
               CGCATCA………TTTATTTCCCCAATG
                CATCA………TTTATTTCCCCAATG
                   CA………TTTATTTCCCCAATG
     C              G           A           T
     ▼              ▼           ▼           ▼
```

電気泳動によって1塩基ずつ異なる長さに分離する
ラベルを用いて，末端を含む断片だけ，確認する

[図13.2] ジデオキシ法（サンガー法）の原理

Q&A

Q1：現在主流の塩基配列解読手法は何か．

　サンガー法を基礎にしたダイデオキシ法と呼ばれる手法が一般的に使われています．しかし，次世代シーケンサーという新たな手法が開発されたため，今後の大量塩基配列解読に関してはこの手法が主流になると思われます．（「14. 最新の塩基配列解読手法について」コラム参照）

Q2：2本鎖DNAのアニーリングとは何か．

　DNAはAとTが，CとGが水素結合で対を形成します．この対の形成は非常に正確で，短いDNAですと同じ配列のDNAを見出して，そこだけに特異的にアニールできます．この原理を用いた解析手法にサザンブロッティング，ノザンブロッティング，コロニーハイブルダイゼーション，プラークハイブリダイゼーションなどの解析手法，また PCR 増幅時のプライマーのアニーリング時もこの原理を用いています．

コラム｜サンガーとノーベル賞

　塩基配列の解読法の開発で 1980 年にノーベル賞を受賞した F. サンガー博士は，その 22 年前，1958 年にタンパク質の配列を決定する手法の開発でノーベル賞を受賞しています．この時彼は，インシュリンという血糖値をコントロールする比較的分子量の小さなタンパク質性ホルモン分子のアミノ酸配列を決定しました．彼が開発した手法では，タンパク質の末端に目印となる分子を結合させてそのアミノ酸だけを切り出して分析し，どのアミノ酸か決めました．次に一個のアミノ酸分削れたタンパク質の末端に再度目印分子を結合させた後に末端のアミノ酸だけ切断してアミノ酸の種類を決めるという作業を繰り返すものでした．この手法は，現在でもタンパク質のアミノ酸配列を決定していく手法として用いられています．サンガー博士は，研究所の所長への就任依頼もありましたが，それを固辞して，現場での研究を続けたことでも有名です．

14 最新の塩基配列解読手法について

> ❖ キャピラリーシーケンサーの原理と実際
> ❖ パイロシーケンシングの原理と実際
> ❖ 次世代シーケンサー

1）キャピラリーシーケンサー

　塩基配列を自動で解読する自動シーケンサーでも，当初は放射線を用いた場合の手法と同じで尿素を含むポリアクリルアミドゲルをガラス板の間に作って使用していました．そこでは，小さな気泡の混入を防ぐ細心の注意を払いながら人手による作業でゲルが作製されていました．しかし，このゲルの厚みを正確に作製するためには，両側を支えるガラス板は丈夫な物が必要とされました．綺麗な1本鎖DNAの分離のためにはサンプルDNAが電気泳動されるゲルを高温にする必要があります．しかし，厚みのあるガラス板全体を高温に保持するとガラス板の破損なども起こるため，DNAサンプルを分離するゲルの部分の改良が取組まれました．そこで温度調整などを効率的に行うことが可能なキャピラリーが用いられました．このキャピラリーは高価なので，使用時にサンプル分離用のゲルをキャピラリー内部に充填し，キャピラリーそのものは繰り返し使用します．また，サンプルも自動で電気的にキャピラリーゲル中に供給されるような機構になっています．さらに，シグナルの検出については，各キャピラリー中を均一にレーザー光を通すことは困難なので，キャピラリーの出口にゲルの流れを作り分離さ

key word

キャピラリー：
細い中空のガラス管内に溶液状のゲルを注入し，DNAの分離に用いた．

[図 14.1] 自動シーケンサーの例

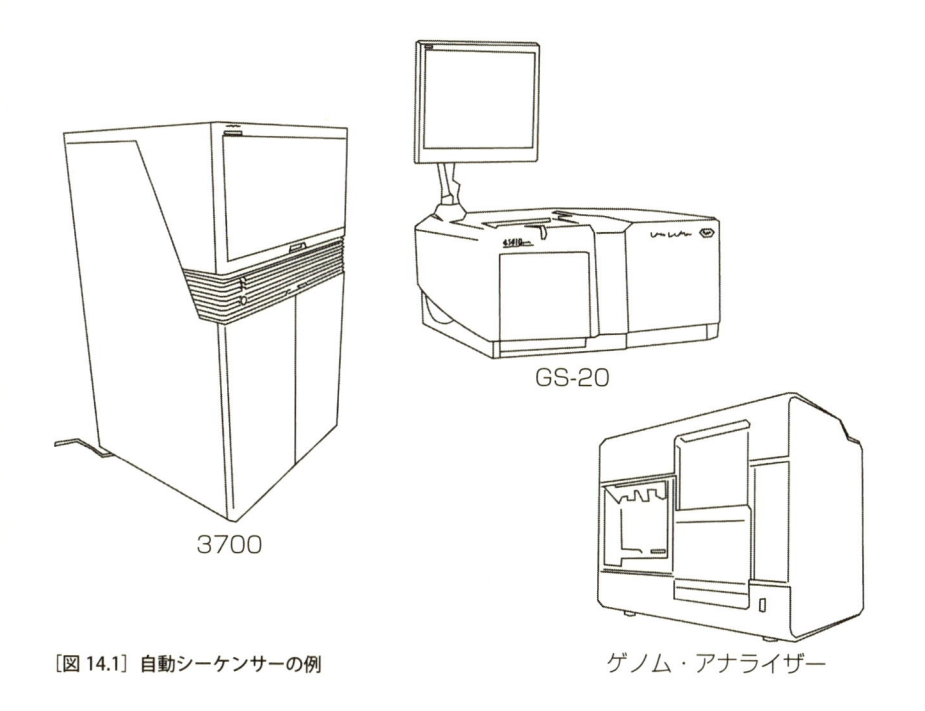

3700
GS-20
ゲノム・アナライザー

れたサンプルの状態を保ったキャピラリー外でレーザー光による検出が行われています．このキャピラリーでの検出技術は日本で開発されて，世界的な規模の自動シーケンサーに装着されています．

2) パイロシーケンシング

　この技術は，それまでの1塩基分ずつ長さが異なるDNA鎖を大きさによって分離していき，短い断片から長い断片へ順に辿っていくことで塩基配列を解読するという手法と全く異なる原理に基づく塩基配列決定手法として開発されました．この技術では，DNAポリメラーゼが塩基を伸長させる時にできるピロリン酸をATPに変換し，ATPが存在する場合にはそのATPとルシフェリンおよびルシフェラーゼを用いて放出される光を検出します．このシステムでは基質であるA，G，C，

> **key word**
>
> **ピロリン酸：**
> リン酸が2個つながった分子．ATPが分解される場合1個のリン酸を有するAMPとピロリン酸ができる．

2章　ゲノム解析と組換えDNA

key word

1000ドルゲノム計画：
ヒト一人のゲノム塩基配列を1000ドル（約12万円）で行えるようにするために必要な技術開発を行ったアメリカ合衆国のプロジェクト。

key word

エマルジョンPCR：
今までのPCR反応は，1サンプルを1チューブに入れて行っていたが，これでは多数のサンプルの処理には多くの労力が必要となる．そこで油の中に反応液，基質プライマーならびに各々別々のイガタDNA1個ずつを含む水滴を作り，多数のPCR反応を同時に行う手法．

T三リン酸を順次供給し，光が検出された時の基質に従って塩基配列を解読します．従って，同じ塩基が連続している場合には光の強さによって連続した塩基配列が正確に解読できるとされていますが，実際にはこのシステムでは同一塩基の連続した領域の塩基配列を決定するのは困難な場合が多いのです．

このシステムは塩基配列解読のコストダウンを目指した取り組み（1000ドルゲノム計画）の中で開発されました．コストダウンを実現するために，サンプル量の削減，同時多数反応（エマルジョンPCR），同時多数計測，検出の効率化が取り入れられています．その結果，サンプルの調製から検出まで，従来手法と比較して，大幅なコストダウンと効率化が可能になりました．

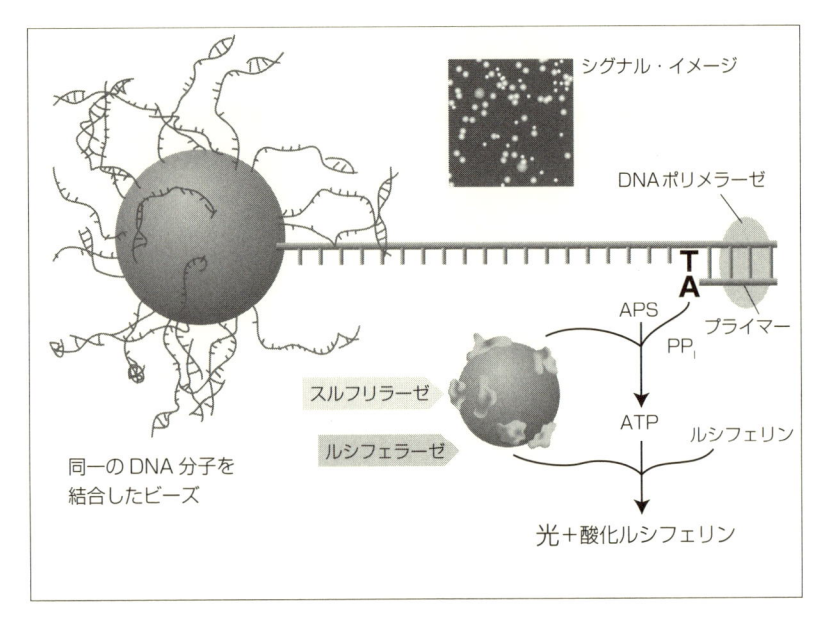

[図14.2] パイロシーケンシングの原理
出典：454社ホームページより

3）次世代シーケンサー

　ここ最近，次世代シーケンサーと呼ばれる自動塩基配列解読装置が複数の会社から販売開始されました．上記パイロシーケンシングによるシステムがGS-20という名称で販売されました．当初の性能は，一度に20万個分のサンプルの塩基配列を解析でき，各サンプルから解読できる長さは50塩基程度とキャピラリータイプの自動シーケンサーで解読できる800塩基に比して短いものでした．その後改良が加えられ現在販売されているチタニウムでは，解読できる塩基の長さが250塩基となっています．その他にGenome AnalyzerやSOLiDシステムが次世代シーケンサーとして販売されています．これらのシステムでは，上記GS-20と異なるシステムが用いられています．Genome Analyzerでは，1分子PCRを基板上で行いクラスターを形成させるのです．このクラスターを形成している基板上のDNAを鋳型にDNAポリメラーゼが伸長反応を行う時にA，G，C，Tの塩基に特異的な蛍光色素の発色により塩基配列を解読します．このシステムでは一度に解読できるサンプル数が200万個と多数ですが解読長は50塩基程度です．一方，SOLiDシステムでは，ライゲーションの正確性を用いて塩基配列を解読するという，他のシステムと全く異なった手法での解析を行っています．他のシステムと異なり本システムでは，塩基配列が直接構築されないので，既に決定されている塩基配列との比較が必要になります．

> **key word**
>
> **次世代シーケンサー**：最新の塩基配列解読は，キャピラリーシーケンサーから次世代シーケンサーへと移っている．その原理はアナログ的解読をデジタル的解読へと進化させた．その結果，解読能力が格段に向上した．

Q&A

Q1：次世代シーケンサーにより一度に解読できる塩基配列は？

　最新型GS-20では，サンプルの解読長が250塩基で一度に20万サンプルのデータを得ることができるので，50,000,000＝50M塩基データを獲得できます．同様に，他の次世代シーケンサーでは，50塩基×200万＝100,000,000＝100M分の塩基配列を決定します．

Q2：次世代シーケンサーの用途は？

　全塩基配列が決定されている生物の変化等を確認するための塩基配列決定が主な用途です．例えば，病原性の現れた菌株の遺伝子のどこに変異があるのか確認するための塩基配列決定に用いるのです．

Q3：塩基配列解読の高速化による波及効果は？

　これまでの資金，手間暇をかけた塩基配列の決定では，ある種の生物の代表の塩基配列を決定するだけが限界でした．しかし，次世代シーケンサーの出現によって，空間的・時間的に異なる種の塩基配列の決定が可能となり，生物に関する新たな知見を得られる可能性が出てきます．また，大量のデータを扱うため，計算機の性能の向上が必要となります．

コラム｜次世代シーケンサーはバイオの世界をどう変えるか

　次世代シーケンサーは，一度にギガのオーダーの塩基配列を産出することができます．また，塩基配列を構築するまでのサンプル調製の段階においても，塩基配列解読用の個々のクローンを大腸菌で培養することなくPCRによる増幅のみで行っています．従来の方法と比較すると，短時間に効率的に塩基配列を確認できます．特に微生物のゲノム程度の大きさの塩基配列を決定するに充分なデータの収集は飛躍的に効率化されました．そこで，この手法を用いるとこれまでは解析が困難だった時間的・空間的に関連する生物の塩基配列を比較解析することが可能となります．例えば，ある家族全員のゲノム配列の解読，臓器ごとの塩基配列の解読，年齢が進行した時の塩基配列の解読などを行えます．これらのデータは，これまでの代表的なある時点でのゲノム塩基配列の解読だけでは得られなかった生命の秘密を解き明かしてくれる可能性があります．

3章　バイオテクノロジーの応用

15 ゲノム情報の利用

> ❖ ヒトゲノム計画は28億塩基対余りのヒトのゲノムDNA塩基配列を決定した計画である．
> ❖ ゲノム情報のうち遺伝子情報はメッセンジャーRNAを通してタンパク質へと伝えられ，タンパク質は酵素として働き代謝産物を生成させる．
> ❖ DNAチップはDNAを基板の上に載せたセンサーで，一度に多くの遺伝子について発現情報を得ることができる．

1）遺伝子とゲノム

　遺伝子もゲノムも科学の概念であり物質ではありません．遺伝子は遺伝形質を担う因子であり，ゲノムはその生物を構成する遺伝子の1セットのことです．ゲノム（genome）は遺伝子（gene）と染色体（chromosome）から作られた合成語です．遺伝子もゲノムもほとんどの生物では，その本体はDNAで構成されています．ゲノム情報が簡単に得られるようになったのはヒトゲノム計画が始まったからといっても過言ではありません．ヒトゲノム計画は，ヒトのゲノムDNAの塩基配列を全て解読しようというプロジェクトで，1990年にアメリカで始まり，1993年にはサンガーセンターが設立されてイギリスでも始まりました．最終的には，我が国を含めて世界6か国（米，英，日，仏，独，中）が参加し，総勢3000人以上の研究者が5000億円以上を費やしてヒトゲノムの99％のDNA塩基配列

(28億3000万塩基対)を明らかにしました.また,ヒトゲノム計画が進む間にさまざまな生物のゲノムが解読されました.最初にインフルエンザ菌のゲノム解読がフライシュマンらによってなされました(1995年).その後,出芽酵母のゲノムが1996年に解明され,枯草菌が1997年,線虫が1998年,さらにヒトの22番染色体が1999年に解読されました.ショウジョウバエのゲノムは2000年に解読され,ヒトの21番染色体が2000年に解読されました.植物ではシロイヌナズナのゲノムが2000年に解読されました.現在では約800種の生物(ウイルスなどを除く)のゲノムが解読されています.

2) ゲノム情報の利用技術

図15.1のようにDNAにある遺伝子情報は,メッセンジャーRNA(mRNA)に転写され,さらにその情報はタンパク質へと翻訳されます.タンパク質は酵素などとして働き,化学物質を分解して代謝産物(メタボライト)を生成します.それぞれの物質について解析法が存在しており,DNAの解析技術についてはゲノム解析,メッセンジャーRNAの解析技術についてはcDNA解析あるいはトランスクリプトーム解析,タンパク質の解析についてはプロテオーム解析,代謝/分解産物につい

key word

枯草菌:
土壌中や空気中に飛散している細菌で,枯れた草の表面からも分離されるためにその名が付けられた.納豆菌として納豆の製造に用いられるほか,枯草菌が合成するサチライシン(タンパク質分解酵素)は洗剤に利用される.

key word

ショウジョウバエ:
小型のハエの1種で,飼育が簡単で,染色体数が少なく,巨大な唾液腺染色体を形成するなど実験に使いやすいので,遺伝学研究によく使用される.

key word

シロイヌナズナ:
ゲノムサイズが小さく,1世代が短く,容易に栽培でき,多数の種子がとれることなど,モデル生物としての利点が多いため,研究材料として利用されている.2000年12月に植物としては初めて全ゲノム解読が終了した.

key word

トランスクリプトーム:
細胞中に存在する全てのmRNA(転写産物:transcript)の総体のこと.

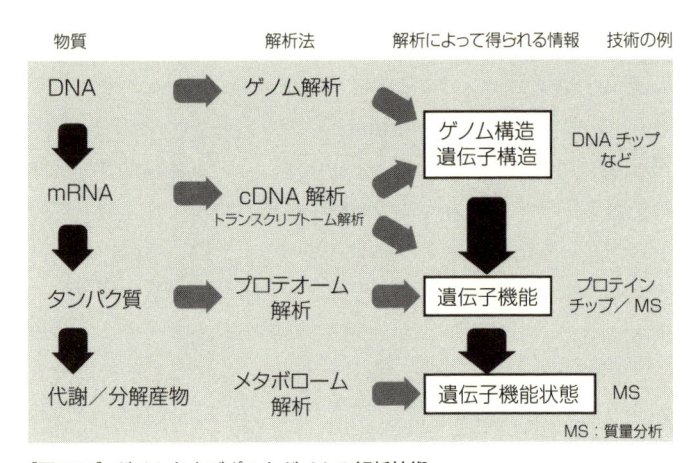

[図15.1] ゲノムおよびポストゲノムの解析技術

てはメタボローム解析と呼びます．ゲノム解析およびcDNA解析では，ゲノム構造や遺伝子構造に関する情報が得られます．プロテオーム解析では遺伝子の機能に関する情報が得られます．メタボローム解析では遺伝子の機能状態が情報として得られます．それぞれに対応する技術として，ゲノム解析あるいはcDNA解析についてはDNAチップなどの技術が使われます．プロテオーム解析については，プロテインチップあるいは質量分析（MS）などの技術が使われます．メタボローム解析にも質量分析などの方法が使われます．ヒトゲノム計画の終了後に重要になる技術はポストゲノム解析技術と呼ばれ，トランスクリプトーム解析，プロテオーム解析，メタボローム解析に関する技術を中心としたゲノム情報利用技術の総称です．

3）DNAチップ

DNAチップは，塩基配列の異なる短いDNAを基板の上に何千〜何万種と整列させた一種のセンサーのことで，一度に数千あるいは数万の遺伝子の状態を把握することが可能になる技術です．遺伝子の発現解析や遺伝子型の解析に使うことにより有用な情報が得られます．DNAチップは，別名DNAマイクロアレイとも呼ばれますが，通常アレイヤーを使ってcDNAやオリゴヌクレオチドを基板上に載せて作成します．その作成法には2つあり，アフィメトリックス型は光リソグラフ法を利用してDNAのカップリング反応を制御して作成するタイプです．もう一方は，いわゆるスタンフォード型と呼ばれる，アレイヤーを使ってcDNAやオリゴヌクレオチドの基板上にスポットしていくタイプです．これ以外にも，電気的検出法を利用したものや中空繊維を利用したものなどが存在しています．

DNAチップは，1980年代の後半にドラッグディスカバリーのためのハイスループット・スクリーニングとインビトロ試験の目的で，半導体の製法に用いられる光リソグラフ法を利用して作成したものが最初です．その後，ヒトゲノム計画においてDNAチップの有用性が高まり，その需要が大きくなりました．DNAチップの世界市場は，約10億ドル（2002年）で，シェ

> **key word**
>
> **プロテオーム：**
> タンパク質を意味する「protein」と全体を意味する「-ome」から作られた．細胞などにおいて存在しているタンパク質の総体のこと．

> **key word**
>
> **メタボローム：**
> 細胞などにおいて存在している代謝産物（metabolite）の総体のこと．酵素などの代謝活動によって作り出された代謝物質には核酸（DNA）やタンパク質のほかに，糖，有機酸，アミノ酸なども含まれる．

> **key word**
>
> **光リソグラフ法：**
> フォトリソグラフィ（Photolithography）ともいう．基板の表面をパターン状に露光して，露光された部分と露光されていない部分に分ける技術．もともとは半導体やプリント基板などの製造に用いられるが，DNAチップの作成に利用され，基板の特定の場所を光リソグラフ法により保護してヌクレオチドの付加を制御することで，任意の塩基配列をもったヌクレオチドを基板の箇所に合成する．

> **key word**
>
> **インビトロ試験：**
> 試験管やシャーレ中で行う試験のこと．組織や生体の状態で行う試験（インビボ試験）と区別するためにこう呼ぶ．

> **key word**
>
> **体外診断薬：**
> 「19. 個別化医療」参照．

> **key word**
>
> **マイクロRNA：**
> 細胞内に存在する長さ20〜25塩基の1本鎖RNA．タンパク質への翻訳はされないノンコーディングRNAの一種で，遺伝子の発現調節をする機能を有すると考えられている．

アは，米国のアフィメトリックス社が31％で，同じく米国のアジレント・テクノロジーズ社がそれに続いています．また，診断用DNAチップの開発が進んでおり，一部はすでに米国のFDA（食品医薬品局）の認可を受けて体外診断薬として使用されています．

このように，診断用DNAチップは扱う情報の多さから，個別化医療の実現に不可欠な技術と考えられています．

Q&A

Q1：なぜゲノム情報が重要なのか．

ゲノム計画は，本来ゲノムDNAの塩基配列の決定が目標ではなく，ゲノム情報を得ることが目標です．ゲノム情報とは，遺伝子情報（染色体上の位置，機能，発現制御機構など）や染色体上の機能部位（セントロメアやテロメア，複製開始点やエンハンサー／サイレンサーなどの遺伝子発現制御部位），さらには，SNPやマイクロRNAなどの情報を総合したものです．ゲノムDNAの塩基配列決定はその過程であり，ポストゲノム研究としてプロテオームやメタボロームなどの解析を行うことにより細胞の機能をさらによく理解し，創薬や医療だけでなく食品，環境，情報，エネルギーなどさまざまな分野への波及効果が期待できます．そのためゲノム情報は重要だと考えられています．

Q2：なぜ遺伝子研究では「オーム」のつく言葉を使うのか．

例えば，細胞の中で遺伝子が作用するときにはある一部の遺伝子の機能状態だけでは細胞の機能状態を理解することはできません．しかし，ある細胞で発現している全てあるいは多くの遺伝子の機能状態を理解すると，その細胞に何が起こっているかが理解できます．このように，遺伝子全体やタンパク質全体など，網羅的な解析を行う対象を言葉で表すために，ゲノムやプロテオームなど物質名の後に「オーム」という接尾語を付けます．また，網羅的な解析法として，オミクス（-omics = -ome + -ics：ゲノミクスやプロテオミクスなど）という表現も用います．

Q3：診断用 DNA チップとは？

　診断用 DNA チップによって選出された遺伝子は，細胞周期，浸潤，転移，血管新生などに関わるもので，特別のアルゴリズムを用いて遠隔転移リスクをスコア化し，治療方針の決定に役立ちます．たとえば，診断用 DNA チップとして乳癌の再発リスクを評価する「MammaPrint」の例があります．MammaPrint は，オランダ癌研究所と Antoni Van Leeuwenhoek 病院で行われた研究に基づいて Agendia 社が開発した診断用 DNA チップで，2007 年に米国食品医薬品局（FDA）は医療機器（体外診断薬）として認可しました．Agendia 社は，癌の再発に関与する遺伝子を 70 個選出して DNA チップを作成し，1000 人以上の患者のデータによりその有効性を確認しました．

16 遺伝情報の利用

> ❖ 遺伝情報を効果的に利用するためには遺伝子データベースが必要.
> ❖ 遺伝情報の利用は，研究開発への利用だけでなく，プライバシーなど個人情報の管理や保険も重要.
> ❖ 遺伝子特許は，遺伝子の機能を解明して有用性を示すことが必要．また，遺伝情報は商業化と公共の利益の間で綱引きの状態にある．

1）遺伝子データベース

　遺伝情報を効果的に利用するためには，個々の遺伝子の情報（データ）を集積する必要があります．遺伝子に関する情報としては，遺伝子の構造や遺伝子産物（タンパク質や代謝物）の機能，シグナル伝達経路や代謝経路などに関する情報，遺伝子

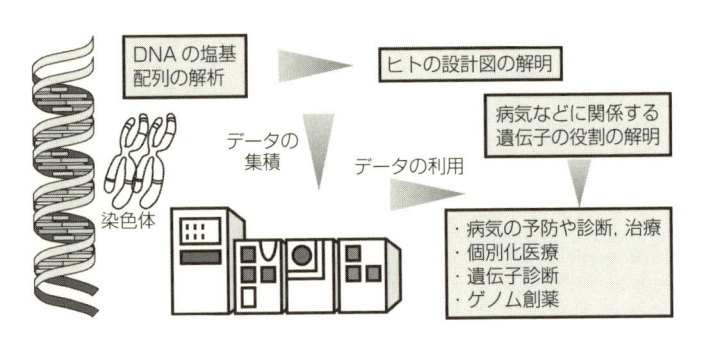

[図 16.1] ゲノム解析

多型や変異の情報，病理や薬理に関する情報，文献情報などがあります．集められた情報はデータベース化されます．配列データベースはDNA塩基配列やタンパク質のアミノ酸配列をデータベース化したもので，公共のデータベースとして，日本DNAデータバンク (DDBJ)，EMBL, NCBI GenBankがあります．また，ゲノムプロジェクトはそれぞれにインターネットのホームページで遺伝子に関するデータベースを公開しています．(「4. ゲノム創薬」Q&A　Q1参照)

> **key word**
>
> **遺伝子多型**：
> 「19. 個別化医療　コラム：一塩基多型」項参照．

2）遺伝情報と保険

　遺伝子に関する個人情報は，病気の予防や病因の研究にとって非常に重要ですが，一方で，その利用が個人にとって不利になることも起こり．慎重な政策的検討が必要と考えられます．病気に関係する遺伝子を持った人は，将来病気にかかる可能性が高いので，生命保険の加入の際に不利になる可能性がある場合にどう判断すべきかという点があります．この情報を利用することは，喫煙歴や車の事故歴など，個人の過去を判断材料にする場合もあるので，遺伝情報もその1つとの考え方もありますが，他方では不公平であるという考え方もあります．したがって，遺伝情報の取り扱いに関しては議論があります．イギリスにおけるハンチントン病の扱いにも似た経緯があります．

　ハンチントン病は遺伝病で，30歳から50歳で発病し，神経障害や知能障害が起こり，発病後数年で死に至る病気です．治療法はありません．しかし，原因遺伝子はわかっており，その遺伝子の中に存在するＣＡＧという塩基配列の反復回数が増加することによって発病します．したがって，この病気のリスクを判定することが可能です．

　2000年にイギリス保健省の諮問機関は，ハンチントン病の遺伝子診断の結果を保険加入審査に利用してもよいが遺伝子診断は強制してはならないという答申を出しました．しかし，この遺伝情報をまだ利用すべきではないという反論が出ました．このような議論の結果，イギリスの保険者協会は低額の保険契約については遺伝子診断を審査に加えないという発表をしまし

た．しかし，支払額の高い保険については，保険会社にとってあまりにリスクが高いということで，診断の結果を保険加入の審査に利用してもよいということが事実上認められることになりました．

日本でも，新生児検査でフェニルケトン尿症と診断された人のうち，生命保険や簡易保険に加入拒否されたケースがかなりあるということが調査で明らかになり，こうした問題は今後慎重な検討を要するものと考えられます．

3）遺伝子に関する特許

ステルス特許というものがあります．ステルスはレーダーに映らないステルス戦闘機に由来する言葉で，多くの人が気づかないうちに思わぬものに掛けられた特許をステルス特許と呼びます．ステルス特許が問題になったのは，DNAの塩基配列が特許の対象になったことが発端です．1981～95年に世界で1175件のDNA塩基配列の特許が認められました．当時は単なる塩基配列だけでは特許にはならず，遺伝子の機能を解明して有用性を示した場合にのみ特許が認められました．このように，塩基配列が簡単に特許化できることになると，例えば，この塩基配列はこの病気の治療に使うことができるという特許を出願しておくと，ある日，本当にその遺伝子と病気の関連性が研究によって明らかになり，治療法や治療薬が開発された時に，特許侵害の主張をすることができます．このように，DNA塩基配列に関する特許がステルス特許になるわけです．

DNA塩基配列に利用価値があることがわかると，その情報を商業利用しようという考え方が出てきます．1998年に米国のセレラ・ジェノミクス社のクレイグ・ベンターは，ヒトゲノムを3年以内に解読し，その解読した情報を特許出願し，製薬会社や大学の研究者にライセンスすると発表しました．国際ヒトゲノム機構（HUGO）はDNA塩基配列の公開を予定していたため，商業利用に対して非常に危機感を抱きました．その結果，2000年に解読のスピードアップを決定し，アメリカのクリントン大統領とイギリスのブレア首相は「ヒトゲノム配列

---

key word

フェニルケトン尿症：
知的障害を伴うアミノ酸の先天性代謝異常疾患．フェニルアラニンを代謝してチロシンを生成する酵素を欠損しているため，フェニルアラニンが体内に蓄積し，それから派生するケトン体が尿中に排泄されるため，こう呼ばれる．

key word

国際ヒトゲノム機構：
1989年に設立されたヒトゲノム計画参加団体で，ヒトの遺伝子名の認定を行っている（Human Genome Organisation：HUGO）．

の即時公開を求める共同宣言」を発表して，ヒトゲノムに関する基礎データは医学の発展のためにあらゆる科学者が自由に利用できるように即時に無料公開すべきであると主張しました．その数カ月後，国際ヒトゲノム機構の国際プロジェクトチームとセレラ・ジェノミック社は，それぞれ独立にヒトゲノムの全容（いわゆるドラフトシークエンス）を解明したと雑誌に発表しました．このように，遺伝子情報は商業化と公共の利益の間で綱引きの状態にあります．

コラム｜健康保険データベース

個人のゲノム情報が国全体の問題になったことが過去にありました．アイスランド共和国は，北海道の1.24倍くらいの面積を持つ火山国です．人口は約27万人で，遠隔地にあることから移民の出入りも少なかったので，ほとんど国民は自分の祖先を最初のバイキングまでさかのぼることができるくらいです．さらに，この国では1915年以来，国民の医療データが保存されており，また，孤立した島国のため混血が少なく，遺伝構成が非常に似ていることから，病気の原因となる遺伝子の変異を見つけやすい環境にあります．このような利点により，乳癌に関係する遺伝子を，家系調査によって2年くらいで探すことができました．

経緯としては，まず1998年に，国民の健康増進と医療費の削減を目的とした健康保険データベース法が成立して，国民の健康診断の結果，病歴，通院記録などの医療記録をデータベース化することが決まりました．アイスランド政府は同国のデコードジェネティックス社という会社にデータベースの作成を依頼し，この会社が自社の費用でデータベース作成をするかわりに，国民の利用情報を12年にわたり商業利用することを許しました．この会社は，この国の過去に存在した人の過半数にも達するデータを集め，さらに研究のために何万人もの血液サンプルを集めて利用しました．その結果，自己免疫疾患，心臓疾患，癌，脳神経疾患，眼病，婦人病などに関係する遺伝子の決定や取得が行われました．しかし，一方では政府とこの会社の不透明なつながりや，国民の賛同がなくても情報が利用されるということが問題になりました．

17 遺伝子診断・遺伝子治療

❖ 遺伝子診断は遺伝子の観点から病因やリスクなどを診断することで,診断結果を正確に理解することが必要.
❖ 遺伝子情報の利用には倫理的な問題点があることを理解し,取り扱いには注意が必要.
❖ 遺伝子治療は,修復した遺伝子を細胞に導入して機能を回復させ,その細胞を体内に戻す治療法.

1) 遺伝子診断

　遺伝子診断は,病原体の遺伝子の種類やその存在を調べ,病気の原因が遺伝的要因によるものか,あるいはその遺伝子に変異があるのかどうかを診断するものです.さらに,親子鑑定や犯罪捜査のための遺伝子診断の利用も進んでいます.遺伝子に関する診断や治療では,技術的な問題だけではなく,患者がその内容を理解し,問題を把握して,悲観的にならないことも重要なポイントです.遺伝子相談では,病気がどの遺伝的要因に結びついているのかについてきちんと説明する必要があります.例えば1人目の子どもに病気がある場合に次の子どもにも同じ病気が起こるのかどうか,あるいは結婚相手の家庭に遺伝病ではないかと思われる病気の人がいる場合に遺伝病を心配する必要があるのかどうか,いとこ同士の結婚は問題があるのか,さらには,出生前診断に関する相談など,さまざまな遺伝子に関する疑問があり,科学がこのような疑問の全てを解決で

key word

遺伝病:
遺伝子に異常が起こることにより次の世代に伝わる病気のこと.代謝などの機能異常や形態異常などさまざまな遺伝病が知られており,1つの遺伝子が原因のものや複数の遺伝子が原因のもの,環境要因の影響が強いものもある.

きるわけではありません．また，診断がついても治療が不可能な遺伝病もたくさんあります．その場合，診断することが本当に良いことなのかどうか，あるいはその診断結果を本人や血縁者に伝えるのかどうかなど問題があります．このような場合に遺伝カウンセリングが必要になります．

2）倫理的問題点

遺伝子情報をもとにした診断を遺伝子診断と呼びますが，遺伝子診断は髪の毛1本で可能です．将来は，DNAの検査技術が発展し，癌や糖尿病など遺伝的素因に関係のある疾病だけでなく，性格や能力に関係する遺伝子の検査も可能になると考えられています．

例えば，就職活動中の大学生が，大手企業に就職を希望した時に，最終面接試験で，遺伝子検査を行って健康を確認した候補者を採用すると告げられる場面が将来あるとしたら，どのような問題がおこるでしょうか？　会社にとっては健康な社員を雇用でき，医療費の支払いが少なく済むという利点があるわけですが，リスクの高い人は就職が不利になります．このように差別が起こることにもなりかねません．また，病気になりやすいかは遺伝的な要因だけではなくて，環境因子，例えば喫煙歴などもそのリスクに関係しますが，そのような環境因子によるリスクは考慮されず，遺伝子情報のみが利用されることになると，本当に公平な個人評価なのかどうかという問題点が出てきます．

研究機関ではヒト由来試料および個人情報の取り扱いには厳しい規定がありますが，一般にはありません．したがって，遺伝情報による雇用や保険加入，あるいは結婚などに関する差別から，人権を守ることが重要になります．

3）将来の遺伝子診断・遺伝子治療

遺伝子治療は，遺伝子に変異があって，それが病気になることがわかっている場合に，その病気の原因になっている遺伝子の変異を調べて，その正常な遺伝子を人工的に作成し，外部か

key word

ヒト由来試料：
ヒト由来の組織や細胞などの生物材料のこと．試料の保管・分配・購入や個人情報などの生物情報の利用といった倫理的・法的・社会的問題を含むため取り扱いに注意が必要である．

key word

ベクター：
組換え DNA 実験で，細胞や核の中に他の DNA を運び込むためにウイルスやプラスミドなどの配列を利用したもの．

ら細胞に導入することによって，細胞本来の機能を回復させる方法です．その場合に重要になってくるのが，外部から細胞に入れるときに使う運び屋，いわゆるベクターです．ベクターに正常な遺伝子を組み込んで細胞に導入しますが，ベクターは細胞に導入する効率の高いウイルスを無害化して利用する場合があります．

遺伝子治療は，1990 年に米国立衛生研究所でアデノシンデアミラーゼ（ADA）欠損症の 4 歳の女児に対して，正常な ADA 産生遺伝子を投与する治療が行われたのが最初の例です．この ADA 欠損症のように，1 つの遺伝子の異常によって起こる病気であれば，正常な遺伝子を外部から導入することで機能を回復させ，正常に戻すことが可能です．しかし，この方法ではもともと病気の原因になっている変化した遺伝子を除くことはできません．特に，病気の原因が変化した遺伝子の場合には，それを無害化することはできません．

さらに，ウイルス由来のベクターが白血病の原因となる場合や，導入した遺伝子 DNA が異なる染色体部位に入ることにより細胞にダメージを与える可能性もあります．遺伝子治療は，エイズや癌の治療を含めて世界的に 3000 例以上の治療例があ

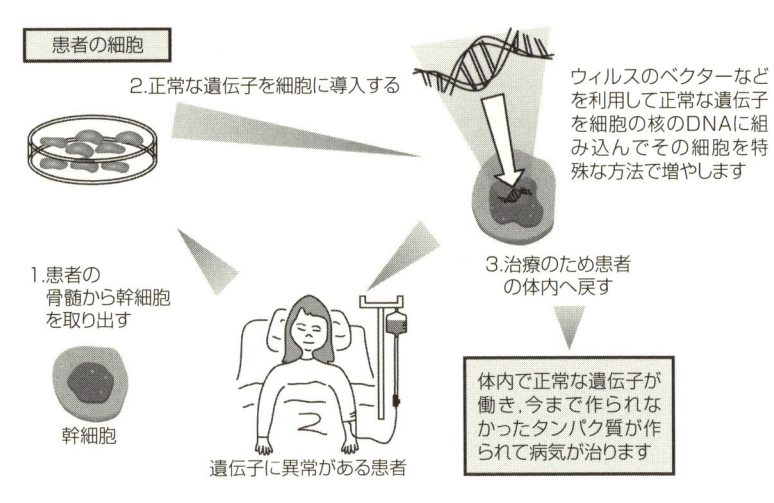

[図 17.1] **遺伝子治療の例**
出典：中外製薬ホームページ（http://www.chugai-pharm.co.jp）掲載の図を参考に作成

りますが，これまでは確実に治療効果があったという例は非常に少ないということがわかっていますので，今後の発展が期待されます．

Q&A

Q1：DNAを利用した犯罪捜査とは？

　何十年も前の犯罪の証拠物件に付着していたDNAを調べてみると実は犯人は別にいることがわかった，というニュースをよく聞きます．最近の犯罪捜査の大きな進歩の1つはDNA鑑定を取り入れたことです．DNA鑑定は，実際は複数のDNA多型を利用して個人を特定します．その種類や数により鑑定結果の信頼性が変わります．また，DNAは化学的に安定なため，何十年も前の試料からも採取でき解析できます．映画「ジュラシック・パーク」は，琥珀（樹脂の化石）の中の蚊から恐竜の血液由来のDNAを採取して恐竜を再生する話ですが，それも科学的な根拠がないわけではありません．

Q2：遺伝子治療と再生医療の関係は？

　遺伝子治療は，遺伝子が壊れたり異常になることが原因で機能不全となった細胞の欠陥を修復・修正することで病気を治療する手法です．したがって，臓器の機能不全が遺伝子によるものであれば遺伝子治療は再生医療に利用できます．また，iPS細胞は，体細胞に遺伝子を導入することで再生可能な細胞を作ることなので，広い意味で遺伝子治療とも言えます（「20. 再生医療」「31. iPS細胞とES細胞の特許」参照）．

Q3：遺伝子治療の技術的問題点は？

　遺伝子治療の問題点としては，導入する遺伝子の発現の制御，ベクターの安全性，病気の原因となる遺伝子の数とそれらを除去する方法，遺伝子を修復したあと細胞を体内へ導入する方法や体内で維持する方法など，さまざまな技術的な問題があります．遺伝子の発現制御を完全に行うためには壊れた遺伝子を正常な遺伝子で置き換えることが望ましいのですが，技術的には困難です．安全なベクターの開発は重要で，安全なウイルス（例えば癌化しないウイルス）を利用する方法が開発されて

います．病気の原因となる遺伝子は，現在は1個でないと遺伝子治療はほとんど不可能ですが，将来，遺伝子ネットワークが解明されれば新たな治療法が開発されることも期待されます．細胞の体内への導入や維持は，再生医療の技術とも密接に関係している問題です．

18 遺伝子組換え作物

- ❖ 遺伝子組換え作物は，有用な遺伝子を作物の細胞に入れて作った作物のこと．
- ❖ 果肉が崩れにくいトマトや農薬に耐性のあるダイズなどが実用化されている．
- ❖ 価格や供給安定性などのメリットと安全性や生態系への影響の両方を考える必要がある．

1）遺伝子組換え作物とは

　遺伝子組換え作物は，ある生物のゲノムから有用な遺伝子だけを取り出して改良しようとする生物のゲノムに入れることにより，新しい性質を与えた作物のことです．利点としては，従来の遺伝学的方法（育種）に比べると，動植物や微生物などいずれの生物に由来する遺伝子でも利用が可能になることから，農作物の改良範囲が大幅に拡大されることです．また，交配を重ねる必要がないためより短い時間で農作物の改良ができ，特定の病気や害虫に強いという性質を植物に加えることも可能になります．

2）遺伝子組換え作物の例

　遺伝子組換え作物の商品化の第1号は，アメリカで開発された「フレイバー・セイバー・トマト」です．広いアメリカでは，トマトを収穫した後に，マーケットに出すまでに果肉がつぶれてしまうことが問題でした．ペクチンを分解する酵素が働

key word
育種：
農作物の改良（収穫量の増加など）やイノシシからブタの作成など，生物を遺伝的に改良すること．品種改良とほぼ同じ意味．

key word
ペクチン：
植物の葉，茎，果実に含まれる複合多糖類．食品工業では増粘安定剤として利用され，また，食物繊維として整腸作用やコレステロール低下作用などを有する．

くことで果肉が崩れやすくなってしまうことから，この酵素の遺伝子を逆向きにしてゲノムに組み込んでこの遺伝子の発現を低下させ，果肉が崩れやすくなるスピードを遅くして日持ちするようなトマトを作りました．このトマトはアメリカのバイオベンチャーであるカルジーン社が開発し，トマトの安定供給を可能にしました．

厚生省（現在の厚生労働省）は，アメリカやカナダからの要請にしたがって，1996年に初めて遺伝子組換え作物の輸入を認めました．それらは，ダイズ，ナタネ，ジャガイモ，トウモロコシの4品ですが，その後，ワタやトマトなども輸入されるようになりました．

3）遺伝子組換え作物の課題

日本で栽培されているダイズには遺伝子組換えダイズはありませんが，日本で消費されるダイズの96%は輸入品であり，我が国のダイズから作られる食品の約6割は遺伝子組換えダイズを原料としていると推測されています．しかし，醤油やダイズ油のように醗酵過程でタンパク質やDNAが分解される商品については，遺伝子組換えであることの表示は義務付けられていません．

トウモロコシはほぼ100%アメリカから輸入されていますが，加熱処理されても導入されたDNAやタンパク質は分解されないので，遺伝子組換えか否かの表示が義務付けられています．一方で，ジャガイモは遺伝子組換えジャガイモが混入している可能性が高いにもかかわらず，回収品にDNAの検出ができないという理由で表示対象から外されています．

しかし，最近では遺伝子組換え作物に対する問題意識が高くなってきており，原材料が遺伝子組換え作物なのかどうかを明示する企業が増えています．また，非遺伝子組換え作物に変えていくことを公表する会社も出ています．

欧州連合（EU）では，2003年に0.9%以上の遺伝子組換え成分を含む，すべての食品および飼料に，遺伝子組換え表示義務を課すという規則を採択しました．このように欧州のEU加

盟国では遺伝子組換え作物由来の材料かどうかを明示することが求められています．

　我が国では，ジャガイモ，ダイズ，トウモロコシ，ナタネ，ワタなどが遺伝子組換え食品として，安全性の検査を受けています．この場合の安全性は，既存食品との実質的な同等性を指標にします．この実質的な同等性というのは，組換え遺伝子，既存種と新品種の構成成分や使用方法の相違などについて検討し，両者が全体として食品としての同等性を失っていないことを客観的に判断します．

　一方で遺伝子組換え食品には，安くておいしい作物を安定して供給できるという利点もあるので，遺伝子組換え食品の持つリスクに十分注意するとともに，その利点を利用することが必要です．

コラム｜ラウンドアップ・レディ・ダイズ

　アメリカの農薬製造会社モンサント社が開発した除草剤「ラウンドアップ」(登録名グリホサート)は，アミノ酸合成を阻害し細胞内にアンモニアを蓄積させることで植物を枯死させる強力な除草剤です．土壌細菌が持つグリホサート耐性遺伝子をゲノムに組み込んだダイズは除草剤をまく回数が減るので，ダイズ栽培にかかる経費が安くなるという利点があります．遺伝子組換えダイズでないダイズとの違いは，グリホサート耐性遺伝子を持っているという1点だけで，両者は「実質的に同等」と考えることもできます．モンサント社は，安全性を十分確認しており，これまで何の問題も起こっていないと発表しています．

　しかし，多くの人は遺伝子組換え作物に不安を抱いています．それは，人が遺伝子を操作することに対する不安と，モンサント社のような巨大企業に食糧供給を支配されてしまうのではないかという不安の両方によります．グリホサート耐性ダイズの種子を購入する農民は，モンサント社の技術使用契約に署名し，種子を保存しないことや栽培用に販売したりしないことに同意し，モンサント社による農場の査察を認めなければなりません．

　また，遺伝子組換え作物の環境への影響についてはまだ答えが出たわけではありません．遺伝子組換え作物の花粉が野生植物のメシベに付き，それから生まれた除草剤耐性雑草が増えていく可能性を厳密に否定できていません．また，害虫の性ホルモンを阻害する遺伝子を組み込んだ植物の花粉が野生植物のメシベに付き，生まれた野生植物を昆虫が食べることにより，生態系が崩れるという可能性も出てきます．

19 個別化医療

- 個別化医療は，個人個人異なる治療を行うことで，高い治療効果と低い副作用が期待できる．
- 個人の遺伝子多型を利用した薬剤耐性診断のための体外診断薬が米国で認可された．
- 一塩基多型情報をデータベース化することで個別化医療を進める基盤が作られている．

1) 個別化医療とは

投薬による治療は，通常，症状を診断した後にその症状に対応する医薬を使います．しかし，同じ症状でも人によって原因や治療法，例えば投薬量が異なる場合があることが知られてい

個別化医療
その患者の体質や病気の特徴に合った治療を行います
その患者の体質や病気の特徴に合った薬を投薬します

遺伝子診断
患者の血液や口腔粘膜を採取します
病気の原因遺伝子を持つかどうかDNAを調べ，病気の発症の可能性を診断します

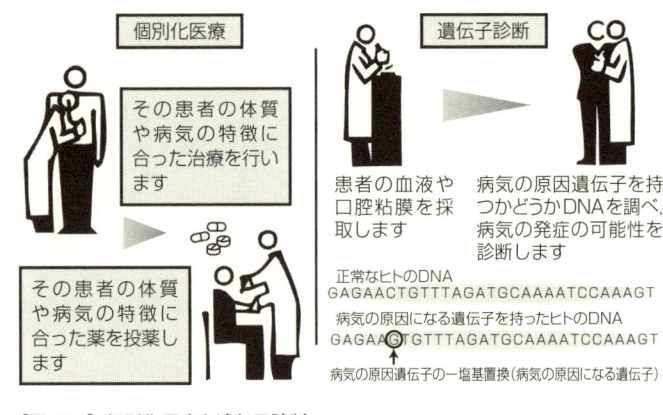

正常なヒトのDNA
GAGAACTGTTTAGATGCAAAATCCAAAGT
病気の原因になる遺伝子を持ったヒトのDNA
GAGAACGTTTAGATGCAAAATCCAAAGT
病気の原因遺伝子の一塩基置換（病気の原因になる遺伝子）

[図 19.1] 個別化医療と遺伝子診断
出典：中外製薬ホームページ（http://www.chugai-pharm.co.jp）掲載の図を参考に作成

ます．個人のゲノム情報を得ることが可能になった現在，個人個人異なる治療を行うことが可能です．これを個別化医療あるいはテーラーメイド医療と呼びます．患者の血液や口腔粘膜を採取して，病気の原因遺伝子などを調べて遺伝子の異常を見つけて，その病気の原因あるいはその病気の発症の可能性などを診断し，治療に利用します．例えば癌になると，遺伝子の一部が変わることがよく知られていますが，治療法を考えるうえで，どの遺伝子のどこに異常があるかという情報が役に立ちます．

また，薬に対する耐性や感受性は個人によって異なる場合があり，例えば薬に対する受容体や薬のターゲットに違いがあるために，同じ病気であってもその薬の効き方が異なる場合があります．これを遺伝子レベルで診断して個人個人に合った投薬を行うことも個別化医療の1つです．

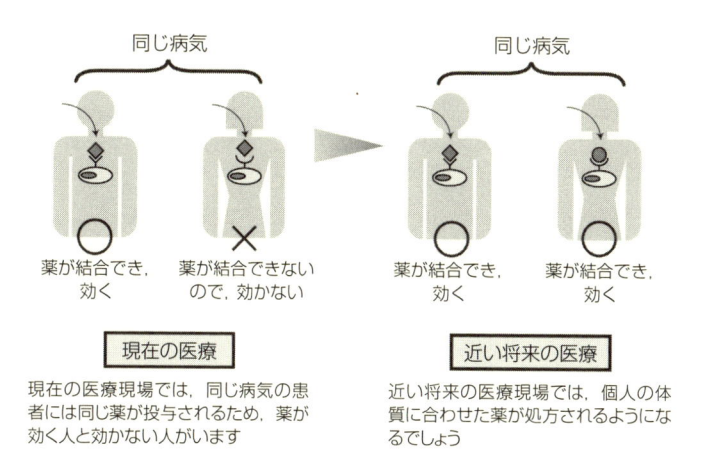

[図 19.2] 個別化医療による将来の治療
出典：中外製薬ホームページ（http://www.chugai-pharm.co.jp）掲載の図を参考に作成

2）個別化医療の例

個別化医療の例として薬剤耐性に関係する遺伝子の多型（個人差）を判定し，診断に利用するDNAチップの例を紹介しま

key word

シトクロム P450:
さまざまな基質を水酸化する酵素ファミリーのこと．種により数十〜数百の遺伝子から成る．450 nm の波長の光を吸収するピグメント（色素）からその名前がついた．異物代謝（解毒作用）などに関与する．

key word

体外診断薬:
薬事法によって規制される医療機器のうち「体外診断用医薬品」と呼ばれる診断に用いられる医薬品．一方で，米国などでは医薬品ではなく医療機器として扱われる．

key word

インベーダー法:
米国サードウェイブテクノロジーズ社が開発した遺伝子の変異を簡便に検出する方法．塩基配列の標的部位においてオリゴヌクレオチドの作る特異的な構造を酵素クリベースが切断することを利用して特定の塩基配列を判定する．

す．2006 年 5 月に，ロシュ・ダイアグノスティック社は「遺伝子多型解析キット・アンプリチップ CYP450」という製品を発売しました．これは，薬物代謝酵素であるシトクロム P450（略して CYP450）の多型を調べる DNA チップを体外診断薬として用いるもので，2007 年 2 月には，ロシュ社はこの DNA チップを薬事申請しました（2009 年 5 月に認可）．この DNA チップは，CYP450 の 2 つの遺伝子，2D6 の 32 種類の多型と，2C19 の 2 種類の多型，あわせて 34 種類の多型を判定する DNA チップです．一方で，検査する多型の数が多くない場合は，DNA チップではなく，遺伝子多型の判定を行うインベーダー法など他の方法を用いる場合もあります．

3) 将来の個別化医療

文部科学省は個別化医療実現化プロジェクトを現在進めて

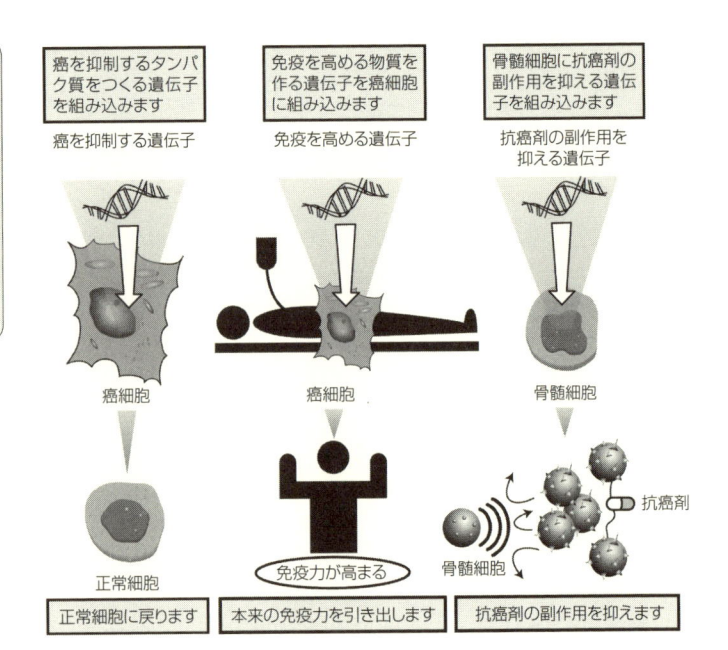

[図 19.3] 将来の癌治療
出典：中外製薬ホームページ (http://www.chugai-pharm.co.jp) 掲載の図を参考に作成

おり，30万人の DNA をバイオバンクに集めて，一塩基多型（SNP）のデータベースを作成して，病気あるいは薬の効果や副作用などとの関係を解明して，個別化医療の基盤を築こうとしています．将来の個別化医療の中でも重要な医療の1つとして遺伝子治療があります（「17. 遺伝子診断・遺伝子治療」参照）．例えば癌や動脈硬化症は，現在，日本人の死亡原因の1番，2番を占める重大な病気です．こういった病気を治療するために，遺伝子治療の研究が進められています．例えば癌を治療する場合に，癌細胞に癌の増殖を抑制する遺伝子を入れて治療する方法や，免疫を高める物質を作る遺伝子を癌細胞に組み込むことで，癌細胞の増殖を止める方法があります．また，抗癌剤の副作用を抑える遺伝子を骨髄細胞に組み込んで，その骨髄細胞を患者に移植することで治療効果を高める方法もあります．

> **key word**
>
> 抗癌剤：
> 「21. 癌とバイオテクノロジー」参照．

コラム 一塩基多型

ヒトのゲノム DNA はおよそ 30 億塩基対から成り立っていますが，その配列は厳密には個人間で異なっています．その頻度は 1000 塩基に1つ程度です．このようにゲノム DNA の塩基配列中に1つの塩基が変異した多様性が 1% 以上の頻度で見られる場合に一塩基多型（SNP : Single Nucleotide Polymorphism）と呼びます．頻度がこれより低いときは突然変異（mutation）と呼びます．SNP を調べることにより親子関係や人種の起源なども調べることができますが，原因遺伝子のわかっている遺伝病については，将来的なリスクを診断することができるため，臨床検査にも利用されています．SNP の検出法は，古くは RFLP 法（ゲノム DNA を制限酵素で切断したときの長さの違いを利用して SNP を検出する方法）が用いられましたが，近年では，インベーダー法，PCR 法（DNA ポリメラーゼによる連鎖反応を利用する方法），一塩基伸長法，Pyrosequencing 法，Exonuclease Cycling Assay 法などの方法が開発されています．SNP の例としては，アルコールに対する強さなどの遺伝的な要因としてアルデヒドデヒドロゲナーゼ遺伝子 (ALDH2) の SNP が知られています．また，薬剤代謝に関与するシトクロム P450（CYP450）の遺伝子ファミリーや抗癌剤塩酸イリノテカンの副作用に関係するグルクロン酸転移酵素（UGT1A1）遺伝子の多型などの例があります．

20 再生医療

- ❖ 再生医療は，体から幹細胞などを取り出して試験管内で増やして組織や臓器を作り，もとに戻す治療法．
- ❖ iPS 細胞は体細胞に遺伝子を導入して作成する細胞で，幹細胞は必要なく，移植免疫や倫理的問題がないと考えられている．
- ❖ 軟骨や皮膚などは治療が進んでいるが，血管や心筋細胞は臨床試験の段階にあり，神経細胞や膵臓・肝臓・腎臓なども研究が進んでいる．

1) 再生医療の歴史

　再生医療とは，例えば自分の体から幹細胞（将来臓器へと分化する細胞）を取り出して，試験管内で増やして目的とする組織や臓器などを形成させ，それをもとの体に移植して失われた機能を回復する方法です．例えば肝臓にダメージがある患者から肝臓の幹細胞を取り出して，それを試験管の中で増やします．できた組織片をもとに移植すると，正常な機能を持った臓器が形成されます．幹細胞（stem cell）は，成体幹細胞と胚性幹細胞（ES 細胞：embryonic stem cell）とに分類されます．成体幹細胞は，脳，脊髄，骨髄など，すでに分化した組織に存在する幹細胞で，各種の組織に分化すること（組織再生）ができる細胞です．一方で，ES 細胞は，受精卵がある程度分裂した状態の初期胚の一部を取り出して培養してできる細胞で，さまざまな組織に分化することができます．

---

key word

初期胚：
胚とは多細胞生物の個体発生におけるごく初期の段階の個体を指すが，その段階の中でも細胞分裂回数の少ない時期の胚を初期胚という．

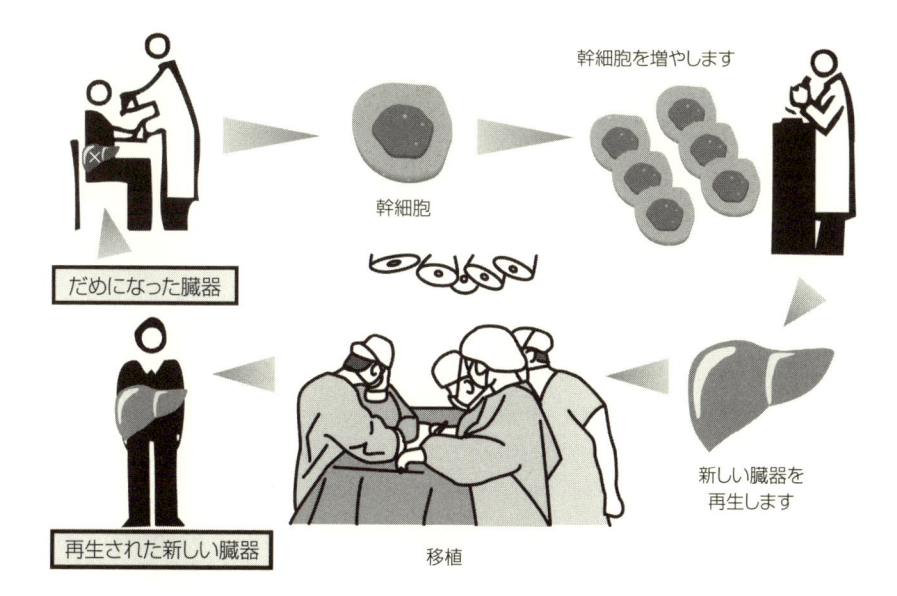

[図 20.1] 再生医療

バイオテクノロジーは，再生医療にも使われています．幹細胞の取り出し，試験管内での培養，移植および移植後の細胞のモニタリングなどさまざまな過程で利用されています．

2) iPS 細胞

ヒトの体のほとんどは分化が終了した細胞（体細胞）でできているので，幹細胞を見つけることは容易ではありません．このため，幹細胞を利用せずに，未受精卵の核を除去して体細胞の核を入れて再生可能な細胞を作る方法があります．これは体細胞型の核を持っていますが，細胞の状態は受精卵の状態で，分化を始めます．また，細胞融合により再生可能な細胞を作る方法もあります．しかし，このような方法は，受精卵を使うので倫理的な問題点があります．iPS 細胞（induced pluripotent stem cell：人工多能性幹細胞）は普通の体細胞に遺伝子を導入することで，その細胞をリセットして幹細胞に変えるという技術です．実際にヒトの細胞を使って，iPS 細胞を作成し，神

経，心筋，軟骨，脂肪細胞，腸管様内胚葉組織などの組織に分化することが証明されています．基本的に4つの遺伝子を導入することで，iPS細胞が作成でき，幹細胞として使えます．受精卵を使わないので，iPS細胞は胚性幹細胞に比べて倫理的な問題がなく，自分の細胞を使うので拒絶反応がありません．

　iPS細胞には課題がいくつかあります．まず，4つの遺伝子の1つのc-myc遺伝子は癌を起こす遺伝子として知られています．このため，これが原因で細胞が癌化する場合があります．さらに，細胞内で遺伝子を発現させるために使うレトロウイルスベクターは癌ウイルスでもあるので，別のベクターに変える必要があります．さらに，特許の問題があります．日本では医療行為は特許にはなりませんが，米欧では一定の条件のもと医療行為は医療方法特許を取得することができます（「35. 医療行為と特許」参照）．iPS細胞は，細胞については産業上利用することができる発明であると考えられ日本でも製造方法について特許が認められていますが，どのように特許化するかはまだ議論が続くと考えられます．遺伝子を導入すること自体は新しくないので，4つの遺伝子を細胞に導入するということ自体は特許化できません．しかし，4つの遺伝子に限定してiPS細胞を作る技術としては特許化が可能と考えられています．しかし，遺伝子を1個除いたり入れ替えたりした場合に特許侵害になるのかという議論はまだ決着していません．

3）将来の再生医療

　現在，再生可能な組織としては，軟骨，皮膚，骨，角膜，血球系細胞などがあります．また，血管，骨格筋，心筋細胞などが治験の段階にあります．これらは，それぞれ動脈硬化症，筋ジストロフィー症，心筋梗塞などの病気の治療に使われます．将来，再生できる可能性が出てきたものとして神経細胞があります．パーキンソン病や脳血管障害，あるいはアルツハイマー病などに罹患した神経細胞を修復し治療するために再生医療が使われる可能性があります．さらに，糖尿病における膵臓のβ細胞の再生や，肝臓や腎臓，毛髪などの再生の可能性も高く

---

key word

レトロウイルス：
RNAをゲノムとして逆転写酵素によりDNAを合成して増殖するウイルス．エイズや癌などの原因となるが遺伝子治療のベクターとしても用いられる．

key word

治験：
「2. バイオ創薬　コラム：新薬開発のプロセス」参照．

なってきています．

Q&A

Q1：組織により再生医療の開発段階が異なるのはなぜ？

　ヒトES細胞を用いた再生医療は現時点ではまだ開発中であり実現はされていません．したがって，現在実用化されていたり実用化が近い再生医療は生体幹細胞を利用したものです．このため，現在の再生医療の開発は生体幹細胞が利用できるかどうかによるところが大きいのです．また，再生する臓器の機能的な複雑さや構造的な複雑さ（例えば3次元構造）によっても開発の容易さが左右されます．再生医療の実用化段階は次の3つに分けられます．

（第1段階）臨床応用されている：血液，骨，軟骨，角膜の再生医療．

（第2段階）治験の段階にある：血管（動脈硬化症），心筋細胞（心筋梗塞），骨格筋（筋ジストロフィー病）の再生医療．

（第3段階）再生できる可能性がある：複雑な臓器形成（肝臓，腎臓など），複雑な神経ネットワーク（脳梗塞，アルツハイマー病，パーキンソン病など），膵臓β細胞（糖尿病），毛髪の再生医療．

Q2：組織を再生するときの問題点は？

　ES細胞の場合，まずES細胞をある特定の細胞に分化させなくてはなりません．また，移植しても拒絶されるという問題点があります．卵細胞の核を体細胞の核に置換したクローンES細胞の開発が進められていますが，作成の成功率が低いことや倫理的問題点から現段階では進んでいません．また，ES細胞を生体外で増殖させ続けると，染色体変異や遺伝子異常が生じ，癌化する可能性も指摘されています．ウシの血清など動物由来の成分を含んだ培地で培養することによる問題もあります．

Q3：再生医療の倫理的な問題は？

　ES細胞の樹立には受精卵ないし初期胚が必要です．ヒトの場合には，受精卵を材料として用いることで，個体を形成する

ことが可能な生命の萌芽を摘んでしまうという倫理的な問題があります．米国ブッシュ政権が連邦政府の公的研究費による新たなヒトES細胞の樹立を禁止したように，ヒトES細胞の作成を認めない国があります．一方で，これまで治療法のなかった疾患を将来的に治療できる可能性から，その研究を認める国もあります．米国もオバマ政権において科学技術振興と産業競争力強化の観点から方向転換しました．我が国では，体外受精による不妊治療において母体に戻されずに破棄が決定した余剰胚に限ってヒトES細胞の作成が認められています．

21 癌とバイオテクノロジー

> ❖ 癌化のメカニズムは，癌遺伝子によるものと癌抑制遺伝子によるものがあり，多段階に進む．
> ❖ 癌の遺伝子治療として，癌抑制遺伝子の修復が研究されている．
> ❖ 将来の癌の治療には予防や早期発見が重要で，診断機器・検査技術と治療技術の向上により患者の5年生存率を上げることが目標になっている．

1）癌化のメカニズム

癌は自分自身の細胞が悪性化して生じる細胞の塊のことで，癌が大きくなると正常な体の機能が維持できなくなり，最終的には死に至る場合もあります．癌細胞と正常細胞の違いを理解することにより細胞が癌化する仕組みが理解できます．正常細胞は，おかれている環境や周囲の細胞の状態に応じて増えたり増えることを止めたりします．ところが，癌細胞は，周りの細胞と協調することなく自らの遺伝子の状態に従ってどんどん増えるので，周りの細胞や組織にダメージを与えます．

癌細胞は，2個から10個程度の遺伝子に傷がつく（正確には突然変異が起こる）ことによって，正常細胞から変化すると言われています．また，この傷は一度につくのではなく，何段階かに分かれます（多段階発癌）．

癌化の仕組みは，大きく分けて癌遺伝子によるものと癌抑制遺伝子によるものの2つが考えられています．癌遺伝子（発癌

key word

癌遺伝子（*myc* **と** *ras***）**：*myc* 遺伝子は転写因子として多くの遺伝子の発現に関与し，変異が起こると癌を起こす．*ras* 遺伝子は細胞増殖のシグナル伝達に関与しており，変異により細胞増殖が止まらなくなり癌化する．

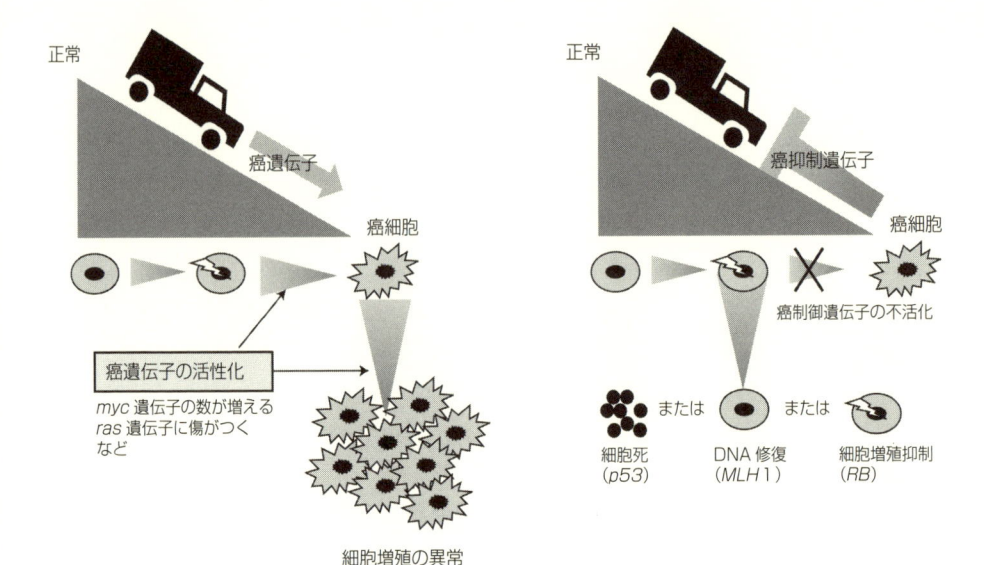

[図 21.1] 癌遺伝子による癌化のメカニズム
出典：国立がんセンターホームページ（http://ganjoho.ncc.go.jp）掲載の図を参考に作成

[図 21.2] 癌制御遺伝子による癌化のメカニズム
出典：国立がんセンターホームページ（http://ganjoho.ncc.go.jp）掲載の図を参考に作成

key word

アポトーシス：
「4. ゲノム創薬」参照．

key word

p53 遺伝子：
癌抑制遺伝子の1つで，分子量が5万3000のタンパク質を作ることからこの名前がついた．転写因子として多くの遺伝子の発現を制御し，DNAの修復，細胞周期の制御，アポトーシスの誘導に関与する．

遺伝子）は文字通り癌を起こす遺伝子のことで，この遺伝子が活性化することで細胞が癌化します．癌遺伝子は，車で例えるとアクセルのことで，アクセル（細胞増殖）が止められなくなり，癌化してしまいます．例えば c-myc や ras という癌遺伝子に異常が起こった場合，細胞増殖が止められなくなります．このような癌遺伝子は100以上存在しています．

それに対して，癌抑制遺伝子は，もともとは細胞の癌化を抑制する機能を持った遺伝子のことで，車でいうとブレーキに当たります．癌抑制遺伝子は，正常の状態では細胞の増殖を抑制したり，細胞に生じた傷を修復したり，細胞に細胞死（アポトーシス）を誘導したりします．しかし，この遺伝子に傷がつくと癌化が止められなくなってしまい，細胞が癌化します．例えば，p53 遺伝子は細胞死を誘導することに関係していますが，この p53 遺伝子に傷がついて機能が失われてしまうと，細胞死が起こらなくなり，細胞は無限に増殖することで癌が生じます．同様に，RB 遺伝子に傷がつくと細胞増殖が抑制でき

なくなり，癌化します．*MLH1* 遺伝子は DNA の傷を修復する機能を持っていますが，この遺伝子に傷がつくと，DNA についた傷の修復がうまくいかず，癌抑制遺伝子についた傷が修復できなくなると，癌化します．

このように癌化は，通常 DNA に傷がつくことで誘発されます．遺伝子に突然変異が生じる要因としては，タバコや食物の焦げたもの，あるいはエックス線や紫外線などがあります．

2）癌の遺伝子治療

日本人の死因の第 1 位は，1981 年以降現在まで癌が第 1 位です．1930 年には 4％だった癌の死亡原因が，1991 年には 27％になり，2004 年に癌で死亡した人は 32 万人にも及びます．男性は肺癌，女性は胃癌や乳癌になりやすいと言われています．また，癌の死亡率は寿命と密接に関係していて，長寿になればなるほど DNA の傷が増えるので癌になりやすいと考えられています．

癌の遺伝子治療は，最初に遺伝子の異常を見つけることから始まります．例えば癌遺伝子に異常があって，アクセルが踏みっぱなしになった状態の場合，そのアクセルを止めることが必要です．癌抑制遺伝子の異常の場合は，正常な癌抑制遺伝子を癌細胞に入れることで，癌抑制遺伝子の機能を正常に戻します．

最も研究が進んでいる癌の遺伝子治療は，癌抑制遺伝子の *p53* 遺伝子をアデノウイルスベクターに組み込んで，癌細胞に送り込む方法です．*p53* 遺伝子の異常は大腸癌や肺癌に高頻度で見られるので，このような癌に対して効果があると期待されています．*p53* 遺伝子は細胞死を誘導する働きを持つので，癌細胞に細胞死を起こすことで治療を行います．

さらに癌の遺伝子治療としては，免疫機能を利用する遺伝子診療もあります．例えばごく微小のカプセルに抗腫瘍性を示すインターフェロンの遺伝子を入れて投与することによって，細胞にインターフェロンを合成させ，免疫を高めて癌細胞を殺してしまう方法が考えられています．

---

key word

RB 遺伝子：
RB 遺伝子は網膜芽細胞腫（retinoblastoma：RB）の原因遺伝子として発見され，細胞周期の制御を行う．

key word

MLH1 遺伝子：
DNA 塩基対のミスマッチを修復する酵素をコードする遺伝子で，この遺伝子に起こる変異は遺伝性非腺腫性大腸癌の原因となる．

key word

アデノウイルスベクター：
肺炎など「風邪症候群」を起こす病原ウイルスの 1 つであるアデノウイルスを利用したベクター．レトロウイルスなどに比べて安全と考えられる．

key word

インターフェロン：
「2. バイオ創薬」参照．

3) 将来の癌治療

　将来の癌治療は予防が重要なポイントになります．例えば遺伝子診断チップなどによって罹患リスク診断が効果的に行われ，さらに，簡易な検査キットで健康状態の管理や発症の検査が行われると考えられます．さらに地域の病院や健康サービス業との連携によって，個人別の健康管理が可能になると考えられています．

　早期診断も重要です．分子イメージングなどの診断機器や検査技術の高度化により，短時間で病巣の正確な特定，進行度の把握が可能になり，個々人の状態に応じた適切な治療計画が立てられるようになると考えられます．進行が早い，あるいは発見が難しいタイプの癌（例えば肺癌や膵臓癌）も，早期診断・早期治療が可能になると考えられます．

　治療効果の向上も重要なポイントです．内視鏡の開発やドラッグデリバリーシステム，あるいは，超音波や放射線などの技術の複合化により，正常な部位の負担を少なくすることが可能になると予測されています．さらに，予後のQOL（Quality of Life）が向上し，合併症などの起こりにくい治療が可能になると考えられています．有効な抗癌剤が開発され，それを先進的なドラッグデリバリーシステムにより癌細胞に直接薬を送ることが可能になり，効果的な投薬が可能になると期待されます．また，遠隔診断などにより，再発の診断も容易になると考えられています．

　このような技術開発により，癌患者の5年生存率が約20%にまで向上することが期待され，特に肺癌，膵臓癌，肝臓癌などの難治性癌の5年生存率の向上が期待されます．その結果，医療コストの大幅な削減が期待されます．

> **key word**
>
> ドラッグデリバリーシステム：
> 必要な薬物の量を必要な時間に必要な部位で作用させるためのシステム．薬物のキャリアーやキャリアーへの薬物の導入，さらに，組織や細胞へのターゲッティング法を含む．DDS（Drug Delivery System）と略称される．

Q&A

Q1：癌対策はなぜ重要か．

　毎年，新たに癌と診断される患者は約57万人（2001年）で，癌が原因の死亡者は年間30万人以上（2005年）で，我が国の死亡原因のトップ（全体の約30%）です．したがって，癌の

診断や治療にかかる医療費も莫大なものになります．また，癌は若年期や幼少期にも発症する例が多く進行が速い場合も多いので社会的な問題としても大きいと言えます．癌対策の政策として 2006 年 6 月に成立した「がん対策基本法」（肉腫を含めた悪性腫瘍全般を指すためにひらがな書きの「がん」が用いられた）は，日本のどこでも高度な癌治療を受けられる体制の実現を目指す法律で，基本的施策として，「1. がんの予防及び早期発見の推進」，「2. がん医療の均てん化（平等に恩恵や利益を受けること）の促進等」，「3. 研究の推進等」を柱にしています．

Q2：遺伝子診断は癌治療にどのように利用されるのか．

癌は遺伝子に原因があり発症するので，その治療には遺伝子診断による情報が重要です．しかし，原因となる遺伝子の種類は多く，また，多段階発癌により多くの遺伝子が関与すると考えられるので，原因遺伝子を特定するのは困難です．半数以上の悪性腫瘍において $p53$ 遺伝子の変異や欠失が認められるといわれていますが，$p53$ 遺伝子だけで悪性度や転移リスク，あるいは治療法がわかるわけではないので，多くの遺伝子の情報を利用することが必要です（「15. ゲノム情報の利用」参照）．

22 環境とバイオテクノロジー

> ❖ 環境ホルモンは環境から体内に取り込まれて内分泌系に影響を与える化学物質のこと．
> ❖ さまざまな細胞・組織・生体を利用した試験法がある．
> ❖ 新しい化学物質管理法が各国で施行されており，安全性の評価を正確に行うことが求められている．

1）環境ホルモンとは

　環境ホルモンとは，環境から体内に取り込まれて内分泌などに影響を与えることで健康障害（精巣癌，前立腺癌，乳癌，停留睾丸，胎児生殖機能異常，精子数の減少など）を誘発する物質のことで，正式名称は「外因性内分泌かく乱化学物質」です．環境ホルモンは，1990年代後半に世間的に大きく取り上げられ，「環境ホルモン」という言葉は1998年の新語・流行語大賞になりました．

　環境ホルモンが大きく取り上げられた社会的背景は，その当時，乳癌発生率が極端に増加したこと，精子数および雄性生殖の低下などの報告があったこと，それから乳児や小児の神経系発達に対する有害作用などがさまざまな化学物質について疑われたことなどにより，化学物質の安全性が社会問題化したためです．このような動きは我が国だけではありませんでした．

　経済協力開発機構（OECD）は1996年に化学物質に対するテストガイドラインプログラムを発表しました．この中では，新しいテストガイドラインを開発して環境ホルモンのリスク評

---

key word

内分泌：
分泌腺（下垂体，甲状腺，副腎など）の細胞が，導管を経ずに直接血液やリンパ液に分泌物質（ホルモン）を放出する現象．

key word

経済協力開発機構：
経済に関する先進自由主義諸国間の国際協力機関（略称OECD）．加盟国の経済成長や自由貿易を目的としているが，資源エネルギーや環境保護などの問題についても取り組む．

価法と規制方針について OECD 加盟国間の調和を図る必要があるという提言がありました.

一方,環境庁(現・環境省)は,SPEED98 という環境ホルモン戦略計画を作成し,文献検索などにより環境ホルモンと疑われる 67 物質のリスク評価を行うことを始めました.しかし,ヒトに対して明確にホルモン作用を示すものは見つからなかったということが明らかになり,2004 年には SPEED98 は廃止されました.

2) 環境ホルモンの試験法

環境ホルモンの中でも大きな問題となっている化合物種の 1 つはエストロゲン活性を持つ化学物質です.エストロゲンは女性ホルモンで,女性の成長や妊娠の継続などで重要な働きをしています.エストロゲン活性の試験法はエストロゲンの細胞内でのシグナルの伝達経路と密接に関係しています.

リガンド結合試験は,化学物質とエストロゲン受容体(細胞核の中にある受容体)との結合をもとに試験を行います.受

> **key word**
>
> **SPEED98:**
> 環境ホルモン戦略計画(Strategic Programs on Environmental Endocrine Disruptors)のこと.環境庁(現・環境省)が 1998 年に策定した環境ホルモンに対する行動計画で,環境ホルモンと疑われる 67 物質のリストを作り,リスク評価を行った.

> **key word**
>
> **エストロゲン:**
> 動物の雌の卵巣から分泌されるステロイドホルモンで,女性ホルモンの代表的なもの.女性の発育,妊娠の継続,性行動などに関与している.

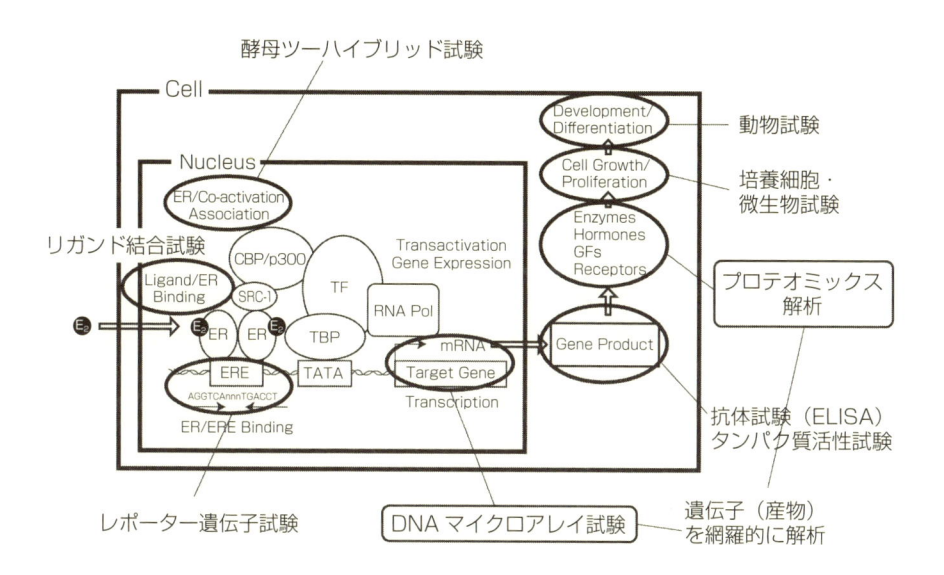

[図 22.1] エストロゲンシグナル経路とエストロゲン活性評価法
出典:「Tanji, M. and Kiyama, R. (2004) Current Pharmacogenomics 2, 255-266.」掲載の図を参考に作成

3 章　バイオテクノロジーの応用

key word

レポーター遺伝子試験法：
試験したい遺伝子産物の活性を測定するために，その遺伝子の発現制御領域と定量可能な別のタンパク質の遺伝子を融合して作成した遺伝子を細胞内に導入することで遺伝子発現を定量する方法．

key word

酵母ツーハイブリッド試験：
GAL4 タンパク質などの DNA 結合ドメインと転写活性化ドメインを別々のベクター上に載せ，化学物質の影響によりその両方が同時に作用すると遺伝子（レポーター遺伝子を利用）を活性化することを利用した試験法．

key word

DNA チップ法：
「15．ゲノム情報の利用」参照．

key word

REACH：
化学物質の登録，評価，認可および制限 (Registration, Evaluation, Authorisation and Restriction of Chemicals) に関する EU 規則のこと．化学物質の安全確保対策の一環として 2007 年 6 月に施行された．

容体と化合物の複合体が遺伝子の上流のいわゆるプロモーター領域にある ERE（Estrogen Responsive Element）という領域に結合する，その結合能をレポーター遺伝子試験法によって調べる方法があります．さらに，受容体／化合物複合体とコレギュレータ（遺伝子の転写反応を調節するタンパク質）との結合をもとにした試験法として酵母ツーハイブリッド試験があります．また，ターゲット遺伝子の転写反応を利用する試験法として DNA チップ法があります．さらに，ターゲット遺伝子の産物のタンパク質を抗体試験やプロテオミクス解析などにより試験する方法や，細胞の増殖能や組織の変化（例えば子宮重量の増加）などを評価し，活性を調べる方法があります．

これ以外にも，環境ホルモンの試験にはアンドロゲン（男性ホルモン）や甲状腺ホルモンの活性を評価する試験法もあります．

3）化学物質管理

欧州連合（EU）では新しい化学物質の管理法が 2007 年 6 月にすでに施行されており，これを REACH システムと呼んでいます．この規制は，年間 1 トンを超える化学物質の製造ないし輸入について，その化学物質の登録，評価，許可を行わなくてはいけない欧州統一システムです．REACH の登録対象化学物質は「自然な状態もしくはあらゆる製造過程で得られた化学元素およびその化合物で，その安定性を保持するのに必要なあらゆる添加物，および使用された過程から生成されるあらゆる不純物を含む．」とあるように，該当する化学物質は非常に幅広く，既存の 3 万種類の化学物質と，新規化学物質が該当します．この規制は人体の健康と環境を保護することを目的にしているため，該当する化学物質について安全性の評価をする必要があります．しかし，一方では，安全性評価は，一般的に動物実験が用いられますが，この規制では動物実験を極力回避することがうたわれています．

このように化学物質の管理法は全世界に対し影響を与えることから，バイオテクノロジーを利用した簡便な評価法の確立が

必要になってきます．技術戦略マップ（経済産業省，平成17年3月：平成21年に改訂版を発表）においても，将来の化学物質リスク評価・管理技術として，簡易で安価なインビトロ試験（ヒト細胞を利用した試験管やシャーレ中の試験），ゲノム技術やシミュレーション技術により有害性を予測する技術をあげています．

コラム｜ダイオキシン分解酵素

ダイオキシンは，ポリ塩化ジベンゾパラジオキシンおよびポリ塩化ジベンゾフランの総称ですが，基本的にベンゼン環に主として塩素が結合しさらに酸素が入った構造を持っています．ダイオキシンはプラスチック製品の不完全燃焼などによって生成され，非常に毒性が高く分解しにくいため，環境汚染の原因として大きな問題になっています．人体へ取り込まれると脂肪組織などで濃縮され，一部はじわじわとしみ出てきて，催奇形性，発癌性あるいは免疫毒性を示します．

バイオテクノロジーを用いてダイオキシンを分解あるいは除去する環境修復技術（バイオレメディエーション）として，ダイオキシン分解酵素の利用があります．これは細菌などに由来する酵素（リグニンを分解するリグニンペルオキシダーゼ，マンガンペルオキシダーゼ，ラッカーゼなど）を使って，ダイオキシンの構造を分解し，さらに代謝を進めることによって，最終的には炭素と二酸化炭素と熱にまで分解してしまいます．ダイオキシンは，全く自然界に存在しない人工的に作られた物質ですが，それを分解する酵素を自然界から探すことも可能です．

ダイオキシン（TCDD）の構造

<知財編>
バイオ特許

4章　特許の仕組みとバイオ特許

23 バイオ特許と知財戦略

- ❖ バイオやITなどの先端技術革命の波及により，各国の知財戦略も競争が激化している．
- ❖ 世界特許はまだこれからの課題．新興途上国の台頭により，国際標準化はますます重要．
- ❖ バイオ特許の特徴は，①生命体そのものに関わる基盤的な物質特許として，応用段階への影響が大きいことと，②生命倫理に関する問題があること．

1) バイオ知財戦略をめぐる世界の状況

20世紀末から21世紀にかけてITやバイオの先端技術革命を受けて，各国とも，特許などの知的財産を強化する政策を取り始めました．1985年当時の米国のヒューレットパッカード社ヤング会長のとりまとめによる米国政府への報告書いわゆる「ヤング・レポート」は，プロ・パテント政策への転換の象徴として有名です（この項のキーワード，コラム参照）．日本も2002年に知的財産基本法を制定して内閣官房知的財産戦略本部を中心にさまざまな知財重視の政策を推進してきました．欧州も，バイオについては宗教などの観点からの反対論も根強いものの，加盟国や地域間のさまざまなバイオ産業振興策がとられ，特許などの運用指針が整備されてきています．2009年米国のオバマ大統領は就任後，それまでブッシュ政権による倫理上の理由からのES細胞への国家予算の凍結を解除し，イノベーションによる米国の国際競争力の強化を呼びかけました

key word

知的財産基本法：2002年に制定され，知的財産の定義や創造，保護，活用に関する推進計画および知的財産戦略本部の設置など，「知的財産立国」としての基本的枠組みを発足させた．

(「20. 再生医療」「31. iPS 細胞と ES 細胞の特許」参照). このように各先進国・地域の産業・企業の知財戦略の競争が激化しています.

2) 国際標準化と絡めた知財戦略の重要性

特許は各国の特許法があり，国際的な調整・調和の過程にあるので，世界特許はまだこれからの課題です．現実には各国・地域は自国・地域の技術競争力を高めようとする産業政策の争いが根底にあります．

他方中国などの台頭しつつある新興途上国において海賊版や模造品防止の対策は不十分であると指摘されている反面，バイオ分野においても特許出願，登録が増加しつつあります．特に，これらの新興途上国は，豊富な資源と，膨大な人口のマーケットを有しており，国際標準とは異なる独自の基準を制定して自国の産業を保護する傾向は否定できません．先進国としても，特許権の行使による権利侵害の追及と併せて，新興途上国をも巻き込んだ戦略をとっていかなければならない新しい局面に至っています．上述の「ヤング・レポート」の後継版の，2004 年 IBM パルミザーノ会長によるレポートは，そうした分析のもと，米国政府に新たな政策対応を求めたものです．

日本も「モノつくり」をベースとしながらサービス産業の向上をはかり，①研究開発を知財権で守り，②他社，とりわけ新興途上国に契約条件を固めたうえでライセンスし，多極的に生産拠点化し，③研究開発の初期段階から多国籍的に連携すべきは連携し，必要な場合は，M&A（Mergers & Acquisitions：企業統合や株式買収）を行い，国際標準化の計画・実行を図るという大胆な戦略がますます重要になってきています．日本の大手製薬メーカーも，海外の研究開発型ベンチャーを常にウォッチし，必要に応じ巨額の資金を投じて M&A を行い，研究開発力，市場開拓力を強化しています．

3) バイオ特許の特徴

バイオ特許の特徴は，①生命体そのものに関わる基盤的な物

---

key word

国際標準：
電気，通信，機械やねじなどの部材の技術をはじめ，化学やバイオ，環境や近年では CSR（企業の社会的責任）などのビジネスモデルにおいても国際的な統一基準がますます重要となっている．国際標準には，ISO や IEC，ITC などの国際機関が加盟各国からなる委員会をベースとして議決するデ・ジュール・スタンダード（デ・ジュールとはラテン語で「法定上」の意味）と，最近の次世代 DVD のように企業がグループの連携体を作って，特許をプール（「パテント・プール」と言う）し，国際標準化を事実上競争によって形成しようとするデ・ファクト・スタンダードがある（デ・ファクトとは，ラテン語で「事実上の」の意味）．前者は，後者に対して，安全性，公益性などの強制法規性が強い．

質特許として，応用段階への影響が大きいことと，②生命倫理に関する問題があります．医薬品や農薬については，薬事法などの規制があって，長年動物実験や人体実験を行って安全性をクリアしなければ販売できないので，そのため，特例として通常の出願日から20年間に5年間の延長が可能となっています（特許法第67条）．（「34. バイオ特許の特徴と特有の問題点」参照）．

Q&A

Q1：特許をとるメリット，デメリットは何か．

　特許をとるメリットは，出願後原則として20年間の独占排他的な権利が与えられるということです．発明者・出願人は，まず特許法で自分の発明を保護してもらうかどうか，またどこの国の特許法で保護すべきか考えます．各国の特許法は，各国の特許庁が所管しています．特許庁には審査官がいて，出願された発明について新規性，進歩性があり，産業有用なものか判定し，認められれば特許として登録します．デメリットは，特許庁への手数料や特許になったら特許料を毎年分支払わなければならないというコストや，特許を出願したら1年半後に必ず公開されるので，特許になるかならないか別にして，発明内容が全世界で他者に知られてしまうということを覚悟しなければなりません．

Q2：特許戦略の基本は何か．

　発明者・出願人は，特許をとるだけでは，お金になりません．むしろ，まずは出願手数料，審査請求料，特許料，弁理士や翻訳を頼んだ場合の費用などコストがかかります．ではなぜあえてコストがかかってでも特許にするかといえば，3つの目的があります．第1は，自分の発明を特許にすることで自分の研究開発を他者の特許で妨害されず，発展させることができ，自分だけ独占排他的に製品に使って，生産，販売し独占的な利益を得るためです．（注：私的独占は独占禁止法で禁止されていますが，特許権はその例外として認められています．ただし，特許権が成立しても，その後正当な権利行使義務に違反

> **key word**
>
> **特許戦略：**
> 特許は研究者・技術者の発明を保護し，その利用を促進するためのものだが，他方，企業としては，自社の研究開発の成果を特許による独占排他権で守り，他社と差別化することができ，企業戦略として競争上重要なもの．

する不当な取引制限などがあれば，特許権は取消しとなることもあります.）第2は，自分の特許について，他者にライセンス（実施権）を与えて研究開発，生産，販売などを認め，ライセンス実施料（ロイヤリティ）収入をもらうことです．第3は，自分の特許を連携する企業と協力して共用の特許群（2社ならクロスライセンス，3社以上ならパテント・プールと言います.）を形成し，国際標準化して世界的に膨大な利益をあげ得ること，最近ではブルーレイなどの次世代DVDの規格競争に見られたものです．以上の第1，第2，第3の目的は，それぞれいずれかに比重を置くかによって，特許戦略の重要な判断の分かれ道となります．

Q3：特許を持っていれば，特許侵害を受けた場合に必ず勝てるのか．

通常は，物や不動産を奪われたり，火災など損害を受けた場合，相手方に対して相手の故意・過失が認められれば損害賠償や行為の差止が民法の規定により（不法行為　民法709条）できますが，特許があれば，過失推定（特許法103条）や損害額の立証をしなくても自己の実施料収入の計算で請求できる（特許法102条3項）など有利な仕組みになっています．ただし，特許は，特許庁の審査官が審査したものでも，絶対に誤りがないとは言えず，権利侵害をしていると思った相手から，自分の特許が無効であると主張され，特許庁に無効審判請求が出されたり，裁判所で争われて特許庁の出した特許が無効であるとの判決が出されることもあります．特許を持っているからと言って必ずしも油断することはできず，相手方との交渉や訴訟において，相手方の反論を十分検討して対処していかなければなりません．

（注）特許庁の審査に不服がある場合は，特許庁には審判という裁判所的な機能があります．審査官が行った審査を，その上級の審判官が審判を行います．裁判所の法廷のような審判廷も特許庁に設けられています．日本の裁判制度は，3審制（最高裁判所，高等裁判所，地方裁判所）ですが，知的財産については，地方裁判所は，技術的な調査能力の十分な東京と大阪の

みが担当することができます。そして、知的財産の重要性に鑑み、2004年に高等裁判所に知的財産高等裁判所が設置されました。特許庁の審判は、地方裁判所に相当すると位置付けられており、特許庁の審判を取消すための訴訟は、地方裁判所ではなく、第1審を知的財産高等裁判所に提訴することになります。

key word

知的財産高等裁判所：
知的財産の裁判においては、特許等の技術的な審理能力を要する。我が国の知財を重視し強化していこうという観点から、米国における連邦巡回裁判所等の事例を参考にして我が国の裁判所の知財の審理体制強化のために法改正を行い2004年に設置された。

コラム｜特許の歴史とプロ・パテント

歴 史的には特許法は1474年のベネチア共和国（今のイタリア・ベニス）で制定されたと言われていますが、その後英国で発達し産業革命に大きく貢献し、日本も明治時代の1885年に「専売特許条例」が公布されました。それまで徳川時代に「新規御法度の令」などによって、規制されていましたが、この条例によって日本人の発明は大幅に増加し、堀田瑞松の「堀田式錆止塗料とその塗方」が第1号の特許として認められました。第二次世界大戦前も、1908年の御木本幸吉による円形真珠の特許（特許第2670号）は、日本の外貨獲得に貢献し、その他、ジアスターゼで有名な高峰譲吉のアドレナリンの特許（特許第4785号）はホルモンの世界最初の結晶化として、また、鈴木梅太郎のアベリ酸（ビタミンBのこと。特許第20785号）は、世界初の抽出されたビタミンとして画期的なものでした。

米国は、1776年に英国、フランスから独立を勝ち取った当初は、欧州からの投資を必要とするため憲法にも発明の保護を規定するなど、特許を重視していましたが、その後、自由経済を重視する独占禁止法の影響が長く続き、特許による独占権の弊害を問題視する政策がとられてきました。第二次大戦後は、米国は戦勝国として圧倒的な技術力、生産力をベースに、日本などへオープンな技術供与を行いライセンス収入を上げてきましたが、日本の追い上げによって、米国の家電メーカーが壊滅し、自動車まで影響が及ぶに至り、特許戦略によって日本に対抗しようとするプロ・パテント（プロとは、推進するを意味する接頭語「pro」で、パテントはpatentで特許のこと。）へ政策の転換を図りました。さらにソ連の崩壊、中国の体制改革という状況変化の下で、軍事技術として秘匿していたコンピュータや通信の技術について一定の民用促進を図り、20世紀末から21世紀にかけてITやバイオの先端技術革命をもたらしました。

24 特許制度の仕組み

- ❖ 日本の特許制度だけでは，世界で守れない．世界をターゲットにした戦略が必要．
- ❖ 特許権の2つの要素は，独占排他権（侵害行為の差し止めや損害賠償請求権）と利用権（専用実施権や通常実施権などのライセンス）である．
- ❖ 特許出願後のプロセスは，特許庁審査官と出願人のやりとり．米国では全件審査だが，日欧中国などでは，審査請求しなければ審査されない．出願すれば1年半後必ず出願内容は全世界に公開．
- ❖ 各国の審査基準や判例において，新たなバイオ技術の出現に対応し，特許性をめぐる判断を要す．

key word

バイオ特許の保護期間：医薬品や農薬は人体に与える有害性がないことを審査するために薬事法による許可制がとられており，動物実験や人体実験などに10数年の期間を要する．このため，特許がとれても，実際には，薬事法などの許可がとれるまでには特許期限切れ前となってしまう．このため最長5年間の延長措置がとられている．（米国の特許法では，医療用機器や食品添加物，着色料も延長の対象となっており，日本でも内閣府知的財産戦略本部で，対象を拡大する方向で検討が行われている．）

1) 特許制度は何のためにあるか？

　特許法の目的は，「発明の保護及び利用を図ることにより，もって産業の発達に寄与すること」（特許法1条）で，特許権者には，出願日から20年間＋α年の独占排他権（権利者以外は許諾なく使用できない権利）が与えられます．＋α年というのは，医薬品などの最長5年の延長措置があります．何のために特許をとるかといえば，①独占排他権の要素―特許侵害者に対しては，損害賠償や差止という民事的な措置をとることができ，刑罰（10年以下懲役，1,000万円（法人の場合は加えて3億円）以下の罰金），と②利用権の要素―発明を自社で独占す

る場合以外に，他社に実施してもらってライセンス収入をあげるということです．米国では国民の権利として憲法で保護し，特許法を定めています．米国以外の国は，憲法上の規定はありませんが，各国の特許法で各国の発明を保護しています．途上国は，先進国に比べて発明の水準，数において遅れをとっているため，一般に強力な特許制度には後ろ向きです．その技術・製品の一番マーケットの多い国やライバルの多い国で，特許を押さえておくべきです．

2）発明を特許にするためのプロセス

研究成果である発明を特許にするには以下のようなプロセスになります．

①特許出願（特許出願人）

まず特許庁に願書，特許明細書などの出願書類を提出します．通常は，大口の場合はオンライン出願で行います．発明者が特許出願人になるとは限りません．会社や大学がなることもあります．米国では，法人は出願できず，個人のみです．同じ発明について2つ以上の出願があった場合は先に出願したほうに特許を与える日本，欧州，中国などの先願主義と，先に発明した方に特許を与える米国の先発明主義があります．

②方式審査（特許庁）

特許庁が出願書類の様式，記載の不備をチェックします．

③審査請求（特許出願人）

審査請求をしなければ特許庁の審査官は審査してくれません．出願から3年以内であれば，出願日と同日でもいつでもできます．また，米国では，審査請求をしなくてもすべての出願について審査が行われます．

④出願公開（特許庁）

出願日から1年6カ月の時点で，出願内容が「公開特許公報」に掲載されて，公開されます．特許出願人が早期公開を求めることも可能です．

⑤実体審査（特許庁）

特許庁の審査官が，新規性，進歩性，産業有用性，公益を害

> **key word**
>
> **出願と審査：**
> 米国は先発明主義をとっており，それ以外の国は先願主義．米国以外は先に出願した者に特許が与えられ，米国は先に発明した者が誰かによって決まる．米国以外は，審査請求制度があって，審査請求を行ったもののみ，審査が行われる．審査を行うと1年半後に公開され，他の競合する発明の新規性を失わせることができるとともに，出願後不用と判断されるものは，あえて審査請求を行わないことによって審査請求手数料などの経費を削減できる．（特許庁としても，審査請求制度があることによって，重要性が乏しい特許出願は淘汰されるため，審査を行わずに済み，審査業務が軽減される効果がある．他方，米国は，日本などのこうした仕組みについて，出願のみを行って先発明主義の米国の発明の新規性を意図的に妨害するものとの反対意見もある．)

4章 特許の仕組みとバイオ特許

さない，先願・後願の順番などの特許要件を審査します．日本一国が基準でなく，世界の技術，出願状況などが基準になります．出願によってとろうとする権利をクレーム（claim）と言いますが，出願人としてはできるだけ広くクレームの範囲をとろうとします．

⑥拒絶理由通知（特許庁），意見書・補正書（特許出願人）

実体審査で審査官が出願内容に拒絶すべき問題点があれば，「拒絶理由通知書」が送付されます．出願人は，それに対して，「意見書」で反論したり，「補正書」で，特許性のあるところに狭く限定してクリアしたりできます．最初の通知を，ファースト・アクションといいますが，出願人はできるだけ幅広く権利をとろうとして知恵をしぼるので，特許要件を満たさないものを含むことが往々にしてあり，ファースト・アクションはすんなりといかず，たいていは拒絶通知となります．「補正書」では，明細書又は図面に記した事項を超えて補正を行うことはできません．また，いつまでも補正を認めていては時間に限りがありますので，最後の拒絶通知書が出された場合には，請求項の削除や限定的縮減，誤記の訂正などに限定されます．

⑦特許査定・拒絶査定（特許庁）

特許要件が認められたり，「意見書」，「補正書」で拒絶理由が解消された場合には特許査定が出されます．拒絶理由が存在し特許にできないと判定されれば，拒絶査定が出されます．出願人が，拒絶査定に不服があれば，特許庁に不服審判を求めることができ，さらに裁判所への訴訟で争うことができます．

⑧特許設定登録（特許庁）

特許査定を受けた出願人が30日以内に3年分の特許料を支払えば，特許庁は設定登録し，出願日から原則として20年間存続します．もちろん出願人がその特許を不要と判断したり，忘れたりして特許料を支払わなければ特許は消滅します．

遺伝子やたんぱく質などバイオ特許は，遺伝子工学，コンピュータ技術などの高度な専門的知識を要するため，この分野の特許専門家（弁理士など）は限定されます．また，生命倫理

や法制度が複雑に絡み最も難解な分野であると言われています．このため，各国の審査基準や判例は多国間で連携を図りつつ，技術の進歩に対応した新しいルール作りのための努力が続けられています．したがって，それを学ぶ上でも常に新しい技術動向や政策判断の背景を理解し，課題の解決に向けて考察していくことが大切です．

Q&A

Q1：日本以外の国で特許をとる必要がある場合，どこの国でとるかの基準は何か．

　日本で特許をとっても，海外では有効ではありません．それぞれの国が独立して特許制度を有しており，それぞれの国で守るには各国の特許をとらなければならないからです．どの国で特許をとるかの特許戦略は，一般には，マーケットが多いか，ライセンス収入が見込めるか，同種の研究開発を行うライバル企業が存在するかなどの条件によって，判断されます．

Q2：特許出願をするかしないか，審査請求をするかしないか，判断の理由は何か．

　特許は特許料などのコスト要因であり，特許侵害を防止するメリットやライセンス収入が見込めない場合もあります．しかし，実際の企業の知財戦略としては，ただ出願するだけで，ライバル企業の新規性を妨害するいわゆる防衛特許としての目的に近いものもあり，必ずしもコストが見合わなくても戦略上出願することもあります．他方，出願すると必ず公開されるので，企業秘密やノウハウは，特許出願内容からは注意深くはずしておく戦略も使われます．他方，特許出願後の状況を踏まえて，メリットとデメリットを比較考量し審査請求を行わず，コスト削減を行うこともあります．

Q3：審査請求を早期に行うことや，出願公開を早期に行うことを特許庁に要求することができるか．また，その理由は何か．

　日本にとって非常に重要で，海外に先駆けて特許にすることが国策となる技術など，たとえばiPS細胞に関する特許は4

key word

企業秘密，ノウハウ： 特許の対象にはならないが企業にとって非常に重要なものもある．生産方法や顧客名簿のようなものもこれに当たる．これらが侵害された場合は，不正競争防止法によって守ることになるが，同法では，秘密管理性，有用性，非公知性について規定があり，要は，同法によって守るためには，しっかりとした秘密管理性を確保する体制が不可欠であり，それが裁判において立証されるようにしておかなければならない．

カ月で特許が認められました．その他，特許侵害が行われる恐れがあることが認められる場合などは，早期審査が認められます．また，出願後1年半で出願内容は公開されますが，公開後侵害者に対して保証金請求権が認められ早く請求するために1年半を待たずに出願者自ら早期公開を要求することも認められます．

コラム 日本のバイオ特許の世界との比較

2000年1月に米国のバイオ・ベンチャー企業Celera（セレラ）社が，ヒト・ゲノムの解析を夏までに終わらせるという発表は世界に衝撃を与えました．1980年以降米国は，有用性のあるバクテリアや生命体などの特許を認めてきていましたが，さすがにこのCelera社のヒト・ゲノム特許を独占させることを懸念し，クリントン大統領と英国ブレア首相は共同声明で，無償開放を求め，同社も従いました（「16. 遺伝情報の利用 3）遺伝子に関する特許」参照）．しかし，ヒト・ゲノムを活用したゲノム創薬（遺伝子の産物であるたんぱく質の情報をもとにした新薬を開発する方法）は，これからが本番で，タンパク質解析などのポスト・ゲノム（ゲノムが解析された後の研究開発段階のこと）に動き出しています．

米欧の製薬企業は将来の医薬品市場を狙って，巨額の投資をし，米欧のゲノム・ベンチャー企業も，膨大なライセンス収入を稼ごうと特許出願を積極化させています．2003年に出された特許庁の特許出願動向調査によると，1995年以降バイオ関連技術の特許出願は急増しており，ゲノム関連では，2000年には1991年の4.7倍の約12,000件の特許が出願されています．出願人の国籍別に年平均伸び率を見ると，米国（16％），欧州（16％），中国（67％）に対して，日本は8％と大きく差が開いています．出願人国籍別10年間累積の出願比率でも日本は16％と米国，欧州に次いで3位でしたが，2000年には13％と減少し，中国に抜かれて第4位に後退しています．このため，今後，日本はヒト・ゲノム研究や遺伝子研究では遅れをとったものの，ポスト・ゲノムの中心となるタンパク質の研究では高度な研究成果を挙げて，米欧，中国と競い合っていくことが期待されています．

25 外国特許をとる基本的な仕組み

- ❖ 日本企業だから日本で特許をとる，というのは常識的ではあるが実は適切でない．必要な国の特許をとればいい．
- ❖ 国際統一特許は，存在しない．各国別に出願するパリ条約と，加盟国について複数束ねて出願できるPCT，欧州については，欧州の加盟国を束ねて出願できる欧州特許庁（EPC）の3つの方式がある．
- ❖ バイオの特許では，米国が最大のマーケットであり，競争力も強いが，米国特許法は，日本，欧州，中国などと比べ異質な体系をとっており，注意が必要である．

key word

属地主義：
国際法の専門用語で，自然人（人間）や法人（企業など）の権利義務について，行為が行われる場所（国）の法律に基づいて定められること．反対の概念に属人主義があり，例えば国籍について日本は属人主義をとり，米国などは属地主義をとっているので，日本で生まれた外国人は日本国籍をとれないが，米国などでは可能となる．特許などの知的財産権は属地主義をとっており，世界統一的な法制度は未実現で各国ごとに特許法などが制定されており，海外で権利を守ろうとすると海外の各国の法律に従わなければならない．

1）各国の産業政策の利害と知的財産権制度

たとえば日本の代表的な製薬企業の1つである武田薬品の製品マーケットは，米国が6割を占めており，米国で特許をとることがまず重要です．こういう場合米国の特許庁に先に出願して，日本は後からでもいいという考え方もありえます．知的財産権の保護は，その国の産業政策と密接です．つまり，各国とも自国の技術，産業の他国に対する競争力を高めようとします．そのため，知的財産権は，原則として国単位で成立し，その国の領域内でのみ効力を生じ，それぞれの国家の法律・管轄権によって保護されます．このことを法律用語では，属地主義とか，権利独立の原則と言っています．世界統一の特許制度

や，著作権制度は望まれていますが，それぞれの国の管轄権，政府の組織がある以上，容易ではありません．ただ，バイオのように遺伝子工学やIT技術，生命倫理など高度で複雑な問題を審査する場合の困難性から，米国，欧州，日本の3極の特許庁は，審査基準等について密接に意見交換を行い，3極特許庁会合の内容は，特許庁のHP（DNA断片の特許性に関する三極特許庁比較研究について http://www.jpo.go.jp/cgi/link.cgi?url=/index/sankyoku_kyouryoku.htm）でも公開されています．また，3極特許庁は，先進国として，遺伝子などのバイオ特許について，あらかじめ協議して合意した内容を，国連のWIPO（世界知的所有権機関 World Intellectual Property Organization ちなみに，北朝鮮はWIPOのメンバーですが，台湾は国連に加盟していないのでメンバーではありません．）で報告し，協議しますが，WIPOでは，途上国と先進国の意見調整は難航するのがしばしばで，世界的な枠組みで合意することはなかなか困難な状況です．また，知的財産権に関する貿易・投資と絡めた機関に，WTO（世界貿易機関 World Trade Organization ちなみに北朝鮮は自由貿易国ではないのでメンバーではありません．台湾は，2001年に中国と同時にメンバーになっています．）があり，米国の発案によって，TRIPS協定がWTOの中に組み込まれ，各国の知的財産政策が他国からの貿易・投資を阻害したり不公正な政策をとる場合に，輸入制限措置や刑事罰などの制裁手続きを定め監視を行う体制がとられています．

　実務的には，マーケットが大きい，ライセンス収入が見込める，ライバル企業の研究開発を妨害したいなどの理由から，どの国で特許出願するかの戦略を検討すればいいだけなのですが，知的財産権について以上のような国際的な枠組みで各国が，先進国，途上国と入り乱れて政策の議論がなされ動いているという状況も参考までに理解しておく必要があるでしょう．

2）海外で特許を取得する仕組み

　国際統一特許は，存在しません．各国別に出願するパリ

---

key word

WIPO：
国連の知的財産権についての専門機関．WTOのTRIPS協定のような制裁措置の強制的実行力は有していないが，各国の特許制度の円滑な調和に向けて調査・研究などの活動を行っている．ただし，WIPOは，途上国の意見が強く反映されがちなため，米国はWIPOでなく，WTOにおいてTRIPS協定を主導し，制裁措置のある強力なメカニズムにした．

key word

TRIPS協定：
知的所有権の貿易関連の側面に関する協定（Agreement on Trade-Related Aspects of Intellectual Property Rights）．WTOの付属の協定．米国主導で盛り込まれた．特許に関する国際条約であるパリ条約に対して，輸入制限などの制裁措置があり，各国間の知財についての紛争処理や是正に有効な手段となっている．

条約と，加盟国について複数束ねて出願できる PCT，欧州については，欧州の加盟国を束ねて出願できる欧州特許条約（EPC）の3つの方式があります．PCT とは国連の特許協力条約（Patent Cooperation Treaty．）です．PCT も欧州特許庁も後からできた仕組みで，はじめはパリ条約の仕組みだけでした．世界統一特許は困難な課題ですが，海外で特許をとる上で，どうしても各国の特許庁の指定する言語での出願書類作成の時間もかかりますので，パリ条約で，優先権といって，第一国で出願後，特許については1年以内に第二国に出願すれば，第一国での出願日をさかのぼって第二国の出願日にできるという便宜を図るという仕組みです．それぞれの国の特許法の所定の出願書類を指定された言語，様式で提出しなければなりません．

それに対して，PCT はその後新たに整備され，出願人は，PCT を選ぶか，パリ条約の方式を選ぶかですが，一般的には，複数国で出願する場合には，パリ条約で個々の特許庁に出願する費用を考慮すると割安になることもあります．また，PCT の方式では，国連の PCT の組織が，各国の特許庁と協定を結んでおり，日本では，日本の特許庁に出願するときに同時に PCT の出願を日本語でできるメリットがあります．その他，PCT の方式では，パリ条約では1年間の優先権の期間に対して，30ヵ月となっており，その分，翻訳や出願準備，最終的にどの国での出願にするか，考える余裕期間が持てます．また，PCT で出願すると，国際調査という先行技術調査のレポートを出してくれます．これはあらかじめ新規性，進歩性について PCT 事務局の調査がもらえるという便利な面はありますが，だからといって各国の特許庁が参考にするかどうかは必ずしも不明です．このように，PCT 出願しても，PCT は本質的に審査しませんので，最終的には，対象各国の特許庁の審査を受けることになります．ただ，複数国に出願する際に，便利な制度として一般的に活用されています．

また，欧州特許庁の加盟国については，欧州特許条約（EPC：European Patent Convention 2009年10月現在　34か国）

---

key word

PCT：
WIPO と同じく国連の専門機関であるが，スイスのジュネーヴに事務局と専門スタッフがおかれ，国際的な特許手続の円滑化に重要な役割を果たしている．

によって，出願もできます．通常3カ国以上欧州の国に出願する場合は，EPCによるほうが有利とも言われます．EPCは欧州特許庁（所在地　ドイツ・ミュンヘン）の審査官が審査を行い，欧州各国の特許庁は審査を行いません．この点はPCTが自らは審査を行わないのと違っています．また，EPCは，英語・ドイツ語・フランス語のほか日本語も2カ月以内に上記3カ国語のどれか1つの翻訳をつければ受け付けられますので，欧州については，個別の出願より，EPCが利用されることが多くなっているようです．

3）米国特許法の問題点

　同じ発明について複数の発明者がいる場合，特許出願した日を優先するのか，発明した日を優先するのか．前者を先願主義，後者を先発明主義といいますが，米国だけが先発明主義をとっています．しかし，最初に発明した者に特許権を付与することは一見理にかなっているようですが，発明日を立証するためには研究ノートの記載など研究者に負担が大きく，特許権成立後に新たな発明者が現れ，事後的に権利が不安定になること，先に発明した者を特定する手続き（インターフェアランス）が複雑になるなどのデメリットがあり，米国も2006年以降，先発明主義を放棄し，先願主義に移行する方針を打ち出しています．

　ただし，米国特許法でも，出願日から1年以上前に公知になっていたり公用されていた発明には特許を与えない旨の改正がなされており，発明後1年以内に出願することが奨励されているので，純粋な先発明主義からは既に大幅な修正が加えられています．先発明主義の米国でも，原則としては出願日をもって発明日とみなされ，この発明日よりも先に発明したと主張するにはそのための立証をしなければならず，そうしたケースは米国でも少数であると言われています．また，米国では，出願公開制度が無かったので，サブマリン特許と言われて，海外では米国の特許は，出願内容が不明なまま，ある日突然特許になって，高額なライセンス料の支払いや特許侵害を訴えられる

> **key word**
> インターフェアランス：
> この項のコラム「米国特許法についての注意事項」を参照．

と恐れられていましたが，2000年11月以降は出願後1年半後に公開されることになりました．しかし，まだ米国の出願公開制度は，出願人が他国に出願しない場合には公開しないことも可能であるとの条件も付いています．

Q&A

Q1：外国出願するためには，どういう方法があるか．

　各国別に特許出願する場合はパリ条約ルートがあり，この場合，たとえば日本の特許庁に出願してから1年以内に，各国の条件の言語に翻訳し，書式を提出すれば，優先日といって，日本の特許庁に出願した日をもって，その国に出願した日とみなしてくれます．その他，複数国に束ねて日本語で出願できるPCTルートがあり，30カ月以内に，各国の条件の言語に翻訳し，書式を提出すれば，各国で審査が可能となります．また，欧州についてはEPCルートがあり，複数の欧州加盟国に出願する場合に，EPCが各国に代わって審査してくれるメリットがあります．

Q2：外国出願する場合，パリ条約ルートとPCTルートのどちらを選べばいいか．

　PCTルートの方が，パリ条約ルートよりも翻訳などの準備期間が長いので便利です．また，日本語で日本特許庁にPCT出願できます．しかし，PCTルートの場合は，PCT出願をしても，その後対象国を定めて国内移行の手続を行う必要があり，手数料も各国別のパリ条約ルートよりも割高になるので，ピンポイントに出願対象の外国が定まっている場合は，パリ条約ルートの方が選択されることもあります．

（注）インターネットの出現によって，ウェブ上で著作権などの知的財産権の複製等が容易に可能となり，侵害が多発化するようになっています．他方，米国の著作権法では公共的な使用（フェア・ユース）として合法とされているグーグルなどの検索サービスは，日本国内にサーバを置くと日本の著作権法では違法となるので，日本では検索データベース産業が発展できま

せんでした．そのため日本は著作権法が2009年に改正されました．インターネットが知的財産権の属地主義を越えて，法的改正を迫ることになった事例と言えます．

コラム｜米国特許法についての注意事項

先発明主義や，インターフェアランス，出願公開制度の違い，その他，以下，米国特許法では重要な異質な面が多々あるので要注意です．

- 出願は発明者のみができ，会社などの法人はできない．出願に当たっては自己の知っている先行技術の情報開示義務がある．
- 仮出願制度があって，簡易な様式で出願ができ，1年以内に本出願にできる．
- 審査請求制度はなく，すべての出願について審査される．また，異議申し立て制度はないが，再審査によって特許の有効性を再審査してもらえる．
- 特許出願において，発明人に，日本では，所属長などを入れることもあるが，純粋に発明に寄与していない者以外が発明人に記載されている場合は特許無効となることもある．
- 特許出願の明細書において，ベストモードといって，利用の最適要件を記載しなければならず，日本企業は日本の特許で求められるのは産業有用性だけなので，往々にして，この点が不十分とみなされる傾向がある．
- 特許侵害と訴えられるとディスカバリーといって，弁護士との通信内容以外の資料は自己に不利なものでも一切裁判所に提出しなければならず，自己に不利益な証拠は提出しないでもいいという日本などの原則とは逆になっており，一つでも提出しなかった資料が指摘されれば裁判で負けてしまうこともある．
- 裁判において，陪審員制度があって，特許訴訟においても，技術のことを全く素人の陪審員が判決の審理に参加するので，日本企業としては，裁判での弁論に工夫を要する．
- 米国では，特許権侵害に対する制裁は，日本よりも遥かに厳しい．実損害の認定が多額になる傾向があることに加えて，故意侵害の場合の三倍賠償があり，損害額の3倍の額の支払いを認定される．また，故意の解釈が不誠実と認定された場合など日本よりも幅が広い．

26 特許出願

- ❖ 米国以外は特許出願の早い者が優先（先願主義）．米国のみ最初に発明した者が優先（先発明主義）．
- ❖ 特許出願の前に発表すれば新規性がなくなるため，特許を受けられなくなる．ただし，新規性喪失の例外のルールがある．また，国内優先権の活用は，迅速な特許出願を行う上で重要．
- ❖ 他者の特許を試験研究する場合，試験研究の例外の規定（特許法69条）はあるが，評価試験の場合などに限定しておいた方が無難．研究ノートについて，先発明主義の米国特許法では特に重要になる．

1）出願日と新規性の時点基準

　日本や欧州や中国などは先願主義をとっており，同じ発明の場合には，先に出願を行った者が特許を受けることができます．米国だけは，先発明主義といって，先に発明をした者に権利を与える仕組みになっていますが，前節で述べたように米国も先願主義に近づきつつあり，先願主義に改正していく方向です．先に出願を行うという時点を何で決めるかというと時間ではなく，日で決められます．他方，発明に新規性があるかどうかは，時間で決められます．たとえば，午前中にある発明を学会や新聞などで発表し，午後に特許庁に出願すれば，すでに公知（公に知られるという意味の特許用語です．「公用」というのは生産などに使用されて公に使われるという意味です．）に

key word

先願主義，先発明主義：先に出願した者に特許を受ける権利を与えるとするのが先願主義，先に発明した者に権利を与えるとするのが先発明主義．米国のみが先発明主義をとっている．

なっており，特許を受けることはできないので出願しても拒絶されます．これに対して，同じ発明の出願が複数ある場合は，時間でなく日で順番が決まり，もしたまたま同じ日なら協議によってどちらが先かを決め，協議が成立しなければ両方とも出願が拒絶されます．（特許法39条2項．なお，商標の場合は，協議が成立しない場合はくじによって決まります．商標法8条5項．）

2）新規性喪失の例外（グレース・ペリオド）

　以上のように，研究成果（発明）を特許にしようとするときは，他者に先駆けて迅速に出願をする必要があります．したがって，発表よりも出願を先にというスローガンを組織的に広めているところ（独立行政法人　産業技術総合研究所など）があります．もちろん，出願のために発表を遅らせることは，研究者としては，研究成果の評価がかかっているのでマイナスになることもあります．通常は，1カ月もあれば出願手続きの準備は可能なので，できれば2カ月くらい前から自分の組織の知財専門家と相談して，発表もできるだけ早くできるようなタイミングの調整を行うことが望ましいでしょう．

　特許庁に出願する前に，発表を行ったりして公知になると，特許要件である新規性が喪失され，特許を受けることができなくなります．その際に，リカバリーできる方法として特許法30条の新規性喪失の例外―グレース・ペリオド（Grace Period）があります．①技術的効果の試験，②刊行物やHP等での公表，③特許庁長官の指定を受けた学会などでの発表，④政府や地方自治体の開設する博覧会への出展の場合は，公知になってから6カ月以内に出願を行い，出願日後30日以内に証明書を提出すれば救済されます．また，発明の盗用，詐欺などで意に反して公知になった場合は，秘密にしておこうという意思があったなら，6カ月以内に特許庁に出願を行えば救済されます．（参照　特許庁HP「よくある質問　新規性喪失の例外」http://www.jpo.go.jp/toiawase/faq/reigai-01.htm）米国では，新規性喪失の例外は，日本の特許法より長く，1年以

---

key word

グレース・ペリオド（Greace Period）: 特許出願前に研究者が学会で論文発表してしまい新規性を喪失してしまった場合など寛容にみてあげようという趣旨で作られた制度．日本は，米国の1年以内より短く6カ月以内．欧州も6カ月以内だが，国際博覧会への出展の場合など限定的．基本的にはグレース・ペリオドがあるからといって油断はできず，特許にしようとするならば，発表や展示などの公開は出願のタイミングより後にしておくこと．

内に出願すればよく，欧州や中国では，日本と同じ6カ月ですが，試験や刊行物や学会発表などは対象にならず適用されるのは国際博覧会の場合などに限定されており範囲が狭くなっています．また，この新規性喪失の例外の規定はあっても，各国とも，出願までの間に他人に出願されてしまえば，先願のポジションはとられてしまうので，特許を受けられなくなってしまうので注意が必要です．

3）国内優先権

　また，迅速に特許出願を行うために，特許法41条の国内優先権を使う方法があります．独立行政法人　産業技術総合研究所でも，「骨太の特許」にするテクニックとして奨励しており，広く民間企業では当たり前に使われています．つまり，出願前には，仮説やアイデアや概念にすぎなくても，出願日の1年以内に，実験等によってデータの裏付けをとって，国内優先権を使って再度出願すれば，前の出願と差し替えることができるという便利な手段だからです．ただし，この国内優先権が認められるのは，前の出願の明細書で記載された事項に限られます．前の出願の明細書に記載されていない事項や別の概念については認められません．

　また，研究を進める場合に，自分の研究が，類似性のある他者の研究と比較して新規性があるのかどうか，新規性あっても進歩性があるのかどうか，チェックを行ったほうが良い場合があります．他者の研究成果と比べて新規性，進歩性がないのにそのまま研究を進めて，特許出願をしても徒労に終わる可能性があります．先行調査は，各国のデータベース（日本特許庁 http://www.lib.nara-wu.ac.jp/tokkyo.html，米国特許商標庁 http://patft.uspto.gov/，欧州特許庁 http://ep.espacenet.com/quickSearch?locale=jp_EP，中国　国家知識産権利　局 http://ensearch.sipo.gov.cn/sipoensearch/search/tabSearch.do?method=init）やパトリスという特許庁の関連団体のデータベースやさまざまな国内外の民間の有料データベースを利用して，先行する特許出願内容について出願後1年

key word

国内優先権：
優先権というのは，自分が先に出願した日を優先して主張できるという意味で，後からデータなどを補強してもう一度出願しても前の出願日にデートバックして差しかえることができるもの．パリ条約の優先権と区別する上で，国内優先権と言われる．（パリ条約の優先権は，第1国に出願した日を優先して，1年以内であれば，他国に出願しても前の出願日を主張できるもの．この規定によって外国に出願する場合，翻訳などの準備に1年間の猶予が与えられる．）

半後に公開されているものは調査できます．

4）試験・研究の例外規定の解釈

　研究において，他者の特許を使って実験などができるかどうかという問題があります．特許法69条は，試験・研究の例外といって，「特許権の効力は，試験又は研究のためにする特許発明の実施には，及ばない．」と規定されています．これはアカデミックユースの概念といって，大学や研究所などの研究では，学術・研究のために他者の特許を使って実験などを行っても特許侵害で訴えられないとの規定と解釈されてきました．しかし，米国では試験・研究の例外でなく，試験の例外（experimentally use）とだけなっており，2002年のデューク大学判決で試験の例外が認められず，また，日本でも浜松医科大学マウス事件のように，日本の製薬企業と国立大学の共同研究について，米国企業から特許侵害の訴えを出されるケースも出ています．したがって，たとえば試験研究の名をかりて，実質的に特定企業の製品開発を行う場合などは日本でも学説上，「試験・研究の目的は技術進歩に結びつく（ア）特許性調査，（イ）機能調査，（ハ）改良・発展を目的とする試験に限られる．」（染野啓子『試験・研究における特許発明の実施（Ⅰ）（Ⅱ）AIPPI33巻3号 p.5（1988年）』）が広く支持されており，そのように限定的に解釈していく必要があります．

　また，米国は先発明主義をとっていると説明しましたが，同じ発明について複数の発明者がいる場合に一番早いのは誰かという立証が必要な場合に，研究者の証拠が決め手になり，米国の先発明主義の下では，研究者の負担が大きくなり，この点も米国の先願主義のマイナスとなっています．米国での特許出願に当たっては，この点について，今のところまだ先願主義への移行がなされていないので，研究ノートに証拠となる日付が明記され，研究の経過が証明できるように，データ等を記載しておく必要があります．また，改ざんの疑いがもたれないように，ルーズリーフのようなページ差し替えのできるノートは使わず，余白は必ず斜線で埋めておき，最後に利害関係のない他

---

key word

デューク（Duke）大学判決：
デューク大学の教授が自らの特許によって作った電子レーザー装置を，退職後大学が使用したことに対して，特許権侵害であると2002年に大学を訴え勝訴したケース．この判決以降，米国や日本などにおいても，大学などの研究機関の研究でも特許権侵害の免責にはならないことが通説となった．

key word

染野説：
デューク大学判決後，日本でも，米国企業から浜松医科大学がマウスの特許権侵害で訴えられ，特許法69条の試験・研究の例外について，①特許性調査，②機能調査，③改良・発展を目的とする調査に限定して解釈するものとしてしばしば引用されている．

の研究室の教授や研究員などのサインを最低でも2人分もらって証人になってもらうなどを面倒ですが徹底することを要します．つまり，研究ノートは，自分の研究の特許性を確保するための重要な証拠として必要なことを記載しておくためのものです．一義的には米国の先発明主義向けの対策と言えますが，基本的には，研究者にとっては，自己の研究成果，貢献度についての証拠となるものなので，後から述べる職務発明における発明への対価について争いになったときなどにも有効な証拠となる場合もあります（「27.職務発明」参照）．

Q&A

Q1：新規性の判断，先願・後願の判断の時点の基準は何か．

ある発明について新規性の判断は，何時何分という時点で判断されます．たとえば，ある発明について，午前何時何分に発表されれば，公知となって新規性は喪失します．他方，同じ発明について複数の出願人の先後願を決めるのは時間でなく，日によってであり，かりにたまたま同じ日なら，お互いの協議によって決められ協議が成立しなければ双方とも特許を受けられなくなります．

Q2：発表と特許出願の関係において注意すべきことは何か．

第1に，学会などで発表すれば新規性が喪失されますが，特許法に新規性喪失の例外の規定があります．ただし，この規定でも他の人が出願してしまえば，先願はとられてしまいます．また，欧州や中国などではこの例外規定の範囲が狭いので要注意です．第2に，迅速に先願の地位をとるためには，特許法の国内優先権を使って，出願後1年以内にデータ等を補強し，再度出願して前の出願を差し替えて，改良を加えた骨太な特許にする方法があります．ただし，この場合，最初の出願の明細書の事項を追加することはできません．

Q3：大学の研究において，他人の特許は使っても許されるのか．

特許法69条に試験・研究の例外の規定はありますが，判例，学説上はたとえば製品開発を目標とする場合などは，例外にな

らないと解されます．あくまでも，特許性の判断のための試験評価など限定的に解釈すべきであって，営利性につながる研究は，特許権侵害となりえます．（米国のデューク大学判決では，営利性如何を問わず特許権侵害の免責にならない，大学における研究であっても特許権侵害の免責にならないと厳しく限定されています．）

(参考) 特許手続き

1．特許出願に必要な書類は何か．

　特許出願に必要な書類は，特許法36条に定められており，(1) 願書：「特許出願人の氏名又は名称及び住所又は居所」，「発明者の氏名及び住所又は居所」を記載，(2) 明細書：「発明の名称」，「図面の簡単な説明」，「発明の詳細な説明」（産業上の利用分野，従来の技術，発明が解決しようとする課題，課題を解決するための手段，実施例など）を記載，(3) 特許請求の範囲（(注) クレーム（claim）とよばれ，最低1つの請求項から複数の請求項で，請求項1，請求項2・・・と，特許出願者が特許権を与えてほしい技術の範囲を項目別に列挙すること．特許の審査，特許権が認められた場合の効力の範囲，特許訴訟などにおいて極めて重要なもの．），(4) 図面：必要なもののみで，必要なければなくても可，(5) 要約書．

2．出願人と発明者の違い？

　特許出願の願書には，出願人と発明者の氏名などを記載する必要があります．発明者には，管理者や補助者は入りません．米国特許においては，この点は日本以上に厳密にチェックされます．出願人になれるのは，発明者と発明者から特許を受ける権利を譲り受けた個人又は法人（会社や大学，研究機関など）です．米国特許法では，出願人は個人のみで，法人は認められていません．出願人は，出願手数料など特許手続きに係る費用を負担し，特許審査の査定の結果，特許を取得し，特許権者となることができます．発明者といえども特許権者の許諾を得な

ければ，自らの発明でも実施（発明を使って生産をすることなど）できません．

（注）企業の場合，通常研究者や技術者は従業員として発明をした場合に，特許法 35 条であらかじめ「特許を受ける権利」をその企業に承継させることができると定めておくことができます．次の「27. 職務発明」で具体的に解説します．

コラム｜2002 年「知財元年」
——知的財産の創造・保護・活用「フェーズ」

日本にとって 2002 年は，知財元年と言えます．2002 年に知的財産基本法ができて，米国などに遅れながらもようやく知的財産の定義がなされ，また，同年にできた内閣の知的財産戦略本部の方針として，知的財産の創造・保護・活用のサイクルを大きく早く回していくことが推進されてきました．「創造」とは，研究開発の成果であり，「保護」とは，特許法などの産業財産法や著作権法などによって知的財産の権利を守ることであり，「活用」とは，独占排他的に権利化された知的財産を，ライセンス契約によって他者に利用させ活用し，ライセンス収入を上げることです．

しかし，このスローガンは現実には，このとおりにいくことがベストとは限りません．たとえば，製薬企業でも，ライセンス収入は欲しいですが，他社にライセンスを与えるより自社で独占的に生産し，また他社の研究開発の芽を摘んでいくには，自らの特許は他社に利用させない方が有利だからです．また，創造・保護・活用は，時系列的に移行していくものでなく，相互に状況の変化によって対応していくべきもので，むしろ行為者の立場によって，法律の知財権で保護すべきなのか，企業秘密にして自己で防衛するのか，他社に利用させ活用を図るかどうかなど，その時々に判断が必要となるものです．

「創造のフェーズ」において，それぞれの行為者（発明者，知財専門家（（組織の知財部・TLO など）や弁理士など）がどのような役割でどのような知財戦略を果たしていくべきなのかは，以下のようになります．発明者は主役であり，知財専門家はそのサポート役と言っていいでしょうが，知財専門家も発明者の発明にプラスになる知財情報の提供を行うことで，イノベーションの推進の担い手の役割を果たすことが望まれます．「保護のフェーズ」では，知財専門家による特許庁や裁判所や他社との関係との法律的な側面の役割が中心ですが，研究者や研究開発部門との密接な連携が必要です．「活用のフェーズ」では，他社とのライセンス契約などの法律的側面が中心ですが，特許の価値を評価して費用対効果を考慮するなどの側面も重要になります．

27 職務発明

- ❖ 高額化してきた職務発明訴訟に対応し改正された特許法のルール.
- ❖ 会社は,発明者の発明について特許を受ける権利を会社に承継させることを予定させる規程を定めることができる.ただし,会社側(「使用者等」)は,発明者が仮に拒んでも,最低,通常実施権を無償で得る権利(無償の法定通常実施権)はある.
- ❖ 理工系を中心とした大学院生・学生やポスドク,客員研究員等も,大学がそれぞれの学内の規程で決めれば,職務発明の対象となる.

(注)「相当の対価」は,実施料収入×発明者貢献度×共同発明者に対する持ち分が基本公式.(発明に関連する会社側の負担,貢献,発明者等への処遇も考慮されるべき要素.)不合理な場合は訴訟になって裁判所が算定することもある.

key word

職務発明規定:
特許法35条に規定.研究員などの従業者と企業などの間で,職務発明となるのは,以下の要件.①従業者の発明であること,②業務範囲に属する発明であること,③従業者の現在または過去の職務に属する発明であること.以上の要件を満たさない場合は自由発明となり,企業などとの間で承継(特許を受ける権利を承継させること)の事前の取決めはできない.職務発明の場合は,承継に当たっては企業などは従業者に相当の対価を支払わなければならない.

1) 発明者と職務発明

発明者は,どこの企業などにも属さず全くフリーであれば,職務発明でなく,自由発明として,自分の特許にできます.しかし,会社や公的研究所,大学などに勤務して研究を行う研究者,技術者の場合,職務発明となる場合は,所属する組織と発明者の貢献度,負担度をどう認定するのかの問題が出てきます.職務発明をめぐって有名なのは青色発光ダイオードに関する発明について,2002年に会社側に発明者へ200億円の支払いを命じた裁判の判決がありました(本項のコラム参照).こうした高額訴訟化は,米国のプロパテント政策によって日本が

影響を受けたこともありますが，企業にとっては深刻な問題となり，2002年にできた内閣の知的財産本部を中心として大企業，中小企業，研究機関などの組織側と研究者側の議論がとりまとめられ，2004年に特許法が改正されましたが，最終的には従来の特許法35条の規定を廃止せず，プロセスを重視した改正を行ったのです．議論の過程では，職務発明の規定を廃止して，米国のように組織と発明者間の契約によるとの案もあり，研究者側も大企業もそういう方向性になりつつあった時もありましたが，中小企業としては，職務発明の規定が無いと発明を会社に承継させることが困難になるとの考え方もあって最終的には職務発明規定の改正が行われたという背景があります．

2）会社側の立場と「相当の対価」

会社が職務発明として特許を受ける権利や特許権を承継させることができるということは逆に言うと，まず特許を受ける権利は会社でなく発明者にあるということです．本来，発明者は場合によっては拒否もできるということです．しかし，通常は，会社の規定によって予定承継として包括的に会社に特許を受ける権利が譲渡されることが一般的です．その場合は，その発明について自分で特許をとって，製品を作ったり販売をしたり，ライセンスの相手を見つけたりしなければなりませんが，会社側としてはせっかく研究費や人件費を支払ってきた成果としての発明をたとえばライバル企業にとられてしまい，自分では何もできないことになるとこれまで行ってきた投資が水泡に帰してしまうことになります．これはあまりにも不公平だといえます．このため，特許法上，会社側には無償の通常実施権というライセンスを与えて，独占権ではありませんが会社も製品を作って販売できるような仕組みにしています．発明者は発明を行った報酬として「発明の対価」を受けるべきですが，会社側としては，研究開発費や人件費，営業費用など，発明が製品化されて得られる利益につき，考慮されるべきであり，特許法35条の職務発明規定の改正により，第5項にその発明に関連

key word

通常実施権：
特許などの産業財産権を有する企業などが，他の企業などに対して自分の特許を実施（利用）させることを実施権ないしライセンスという．通常実施権は，その場合，1社だけに独占的に実施（利用）させるのではなく，他の複数の企業などに実施（利用）させることができるもの．これに対して，独占的通常実施権とは，1社だけに与えもの．日本の特許法では，専用実施権の規定があるが，実施権を1社だけに与えかつ特許を有する自社は実施（利用）を行わないというものであり，これは諸外国でも稀で日本でも特殊なケースに使われるものである．

して使用者等が行う，負担・貢献・従業者等の処遇が明示されています．

　「相当の対価」がいくらになるかは，発明の内容が，他社にライセンスされて実施料収入になった場合が，単純でわかりやすい考え方の基本になります．実施料収入が入ってきたら，発明者が得るべき「相当の対価」は，実施料収入（＝売上高×実施料率）×発明者貢献度（＝発明の貢献度のうち会社との関係で発明者側の比率）×共同発明者に対する持ち分（共同発明者がいる場合にはそのそれぞれの貢献度の比率）となります．また，他社にライセンスされず自社で製品として生産する場合も，他社にライセンスされていたらいくら実施料収入が入ってくるかと仮定して推計をすることになります．

3）大学における職務発明

　以前は大学における職務発明の議論は，日本の大学ではそれほど大きく取り上げられなかったのですが，産学連携が政策として推進されるようになって，それぞれの大学で，職務発明規程で取り決められるようになりました．また，国などの公的資金を使った研究の場合以前は，特許は100％国等に帰属するものとされていましたが，米国でバイ・ドール法が成立し，国家予算で研究を行った場合，研究を行った民間企業や大学等に帰属するという政策転換がなされ，日本も日本版バイ・ドール法として1999年の産業活力再生特別措置法を成立させたことも，大学における職務発明規定の明確化を推進させることになりました．（それまでは，特許は，公的研究機関では，原則として研究機関の所有，国立大学では，研究者の自由な発想で研究が行われるとして，研究者個人の所有でした．）ちなみに早稲田大学の職務発明規程においても，規程の改正を行い，大学院生，ポスドク，客員研究員などについても，①外部研究資金，②大学の予算，③大学の支援，④大学の設備施設のいずれかを活用した研究に関与した場合は，教職員同様職務発明の対象となるとしています．

---

key word

バイ・ドール法：
1980年に米国上院議員のバイ氏とドール氏によって提案された特許法の修正条項．米国産業の競争力回復に資するため，それまで米国政府の資金によって大学などが研究開発を行った場合，特許権は米国政府に帰属することになっていたが，これを大学や研究者などに帰属させることを認めることとした．米国の産学官連携を強化する手段の象徴となった．外国企業がバイ・ドール法の適用されるプロジェクトの特許権を利用する場合は，米国政府の許可が必要であることはあまり知られていない．この米国バイ・ドール法は，他国もならうようになり，日本も日本版バイ・ドール法として，産業活力再生特別措置法を定めた．

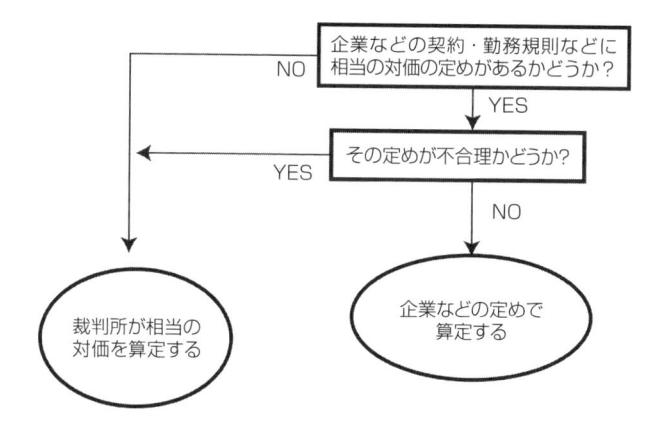

[図 27.1] 職務発明の際の従業員等への相当の対価の算定の仕組み

Q&A

Q1：会社で自動車のエンジン開発を担当している研究者が，自分の業務範囲以外である健康食品（例）の成分について発明を行った場合，職務発明か．

自動車のエンジンを生産するこの会社が，健康食品を業務範囲に含むものでなければ，職務発明とはなりません．ただし，もし同社が健康食品を業務範囲とするならば，この研究者が職務として行う状況にあったかどうかで職務発明となる場合もあります．

Q2：企業や大学の研究者として発明を行った場合，職務発明の重要なポイントを挙げよ．

①まず特許を受ける権利は発明者にありますが，通常はその権利は企業等へ予定承継されることが組織の職務発明規程で定められているので，確認をします．②特許を受ける権利が企業等に承継される代償措置として，「相当の対価」がどれだけあるのか，その場合，実施料収入（＝売上高×実施料率）×発明者貢献度（＝発明の貢献度のうち会社との関係で発明者側の比率）×共同発明者に対する持ち分（共同発明者がいる場合にはそのそれぞれの貢献度の比率）を推計します．他方，企業等の貢献度については，発明に関連して企業等が負担したり発明

key word

実施料：
特許権などの産業財産権を他社に実施させることによって得る収入．ライセンス収入ないしロイヤリティとも言う．

者等への処遇も考慮します．そうして，企業等との協議を事前にお互い納得のいくまで話し合いを行い，対価を定めます．企業等は雇用者として，被雇用者である発明者に対して優越的になりがちです．そのため，不合理な対価とならぬよう特許法の規定が改正されていますが，他方，研究者側も企業組織や関連機関の研究者，協力者などの貢献も考慮し，独善的な判断に陥ることは慎まなければなりません．（企業側からの反論として，他の研究者，協力者からの証言などが有力な根拠となることもあります．）

Q3：大学において，大学院生・学生やポスドクの発明は，職務発明になるのか．

　大学によって職務発明になるかどうか，職務発明規程で定められているのが現状です．統一的な基準はありませんが，日本版バイ・ドール法や産学連携の推進によって，大学院生・学生やポスドクについても，職務発明の対象とすることが多くなってきています．

年	2002 年	2002 年(2004 年に控訴後, 和解)	2007 年
被告	昭和産業，敷島スターチ	味の素	塩野義製薬
原告	元研究コンサルタント	元研究員（研究所課長，退職後も関連企業の社長や役員，技術顧問を歴任.）	元研究員（1996 年から 2003 年まで勤務. 他の研究者 3 名と共同発明）
対象技術	ビタミン関連（イノシトール）製造法	人工甘味料（アスパルテーム）	高脂血症治療薬クレストールの主成分（ロスバスタチンカルシウム）
支払われた（提示された）対価額	10 万円	1,000 円（2001 年に特許報奨金）→1 億 5,000 万円(2004 年和解)（注）東京地検で 1 億 9,935 万円判決（会社側の貢献度 95％に対して発明者の貢献度は 5％と 2004 年に判決. 会社側の，許認可や営業活動についても判決では認められた）その後，東京高裁で和解（1 億 5,000 万円）.	1,450 万円
原告が提訴した請求額	15 億 9,000 万円	約 20 億円	8 億 7,000 万円（会社が得たライセンス収入は 203 億円. 会社側は収入の 0.07％を提示したが, 発明者は 4％を請求.）

[図 27.2] バイオ関係の職務発明訴訟における高額な事例
出典：平成 19 年特許庁「新職務発明制度について」及び竹田和彦「特許の知識」（第 8 版）p323 を参考に，請求金額が 5 億円以上で，裁判で棄却されたものをまとめたもの.

コラム｜職務発明の問題の背景

2002年10月9日に田中耕一氏（島津製作所）がノーベル化学賞を受賞しましたが，受賞決定前に発明の「対価」として受け取っていたのは1万1,000円．その3週間前の9月19日に東京地裁は，会社から当初2万円の発明報奨金しかもらっていなかったとされる中村修二氏（元日亜化学．現米国カリフォルニア大学サンタバーバラ校教授）が提訴した青色発光ダイオードの製法特許についての職務発明訴訟に，604億円の貢献があるとして，請求額の200億円の満額支払いを会社に命じました．田中氏は，「特許をとるよりも仕事が面白いかどうかが重要で，面白い研究を続けられていることに満足している．」（日本経済新聞2002年10月11日17面）と述べています．

中村修二氏も，2万円の発明報奨金を会社から受け取って，訴訟に至る前には10年以上も経過しているようであり，当初から発明の対価をめぐって争いがあったというより，その後の会社とのやり取りの経緯で，会社を退職して裁判に踏み切ったものと思われます．

職務発明の問題には，発明者と会社の関係において，研究者の処遇をめぐる不満等が職務発明訴訟の背景には窺われます．他方，裁判に至らず，双方納得の上，「相当の対価」を合意する企業の事例も存在します．会社の規程を盾に，一律の報奨金で済ませられる時代ではなく，また，最初から訴訟という手段に求めるのではなく，双方の話し合いを尽くすことが不可欠でしょう．「特許をとるよりも仕事が面白いかどうかが重要」という田中耕一氏の言葉は，研究とは何かということにつながるもので，企業のビジネスにおいても「研究者が仕事が面白いという環境」を職務発明のプロセスにおいて率先して作っていくことが，世界的に画期的な製品を開発する上でも，求められているのではないでしょうか．

なお，中村修二氏の第一審の200億円の判決の根拠は，売上高を1兆2,086億円（1994年～2010年）と推計し，推定他社のシェア（豊田合成とクリー社合わせて50%），推定実施料率20%，中村氏の貢献度50%として，売上高×推定他社のシェア×推定実施料率×発明者の貢献度で東京地裁の推計によるものです．その後，控訴審になり東京高裁の裁判官は和解を求め，双方は歩み寄って結局は6億円（延滞利息含め8億円余り）で和解となっています．

28 特許性の基準

- ❖ 微生物や遺伝子，動・植物の新種など，「発見」でなく，産業有用性のある新たな機能の「発明」が必要．
- ❖ バイオ特許の特徴は物質特許（物質そのものの発明として，強大になりうるもの）．「物の発明」＞「方法の発明」（「物を生産する方法の発明」＞「（単純な）方法の発明」）の分類．
- ❖ 進歩性の基準は，当業者（＝該当する分野の標準的な技術者）．産業有用性＋実施可能性・反復可能性が必要．現在日本では医療方法は特許が認められていない．

key word

自然法則：
特許法において特許になりうるものは，自然法則を利用したものでなければならない，と規定されている．自然法則とは，人間が人為的に作り出した制度やルール，仕組みなどではなく，自然に存在する物理，化学，生物の原理である．数学は，自然法則そのものではないので数学そのものは特許にはならないが，近年数学を応用した特許も認められるようになってきている．また，ビジネスモデル特許（米国ではBusiness Method Patent）については，アマゾン・ドットコムの方式などが有名であるが，自然法則の1つであるコンピュータ・システムと組み合わせれば特許になりうるものである．

1)「発明」と「発見」の違い

特許の対象は，研究成果である「発明」です．「発明」とは，特許法では，「自然法則を利用した技術的思想の創作のうち高度なもの」（特許法2条1項）と定義されています．

新種の生物を発見したことは大きな研究成果になりますが，発明ではありません．ただし，米国の特許法では，「発明とは，発明と発見をいう．」（米国特許法100条　定義）となっており，発見は偉大な科学の成果として，技術の賜物である発明のきっかけとなることは特に生命体関連などのバイオ分野においては多いでしょう．その場合，自然法則を利用して，人為的な方法で抽出，精製されたもので，後に述べる進歩性，産業有用性の観点から，従来になかった新たな機能が見出されれば，発

見ではなく発明ということができます．

2）「物の発明」と「方法の発明」の分類

　化学物質は特許になるかといえば，1975年までは日本の特許法ではこうした物質特許は強大になりすぎるおそれがあるなどの観点から認めていませんでした．化学物質が特許になれば欧米よりもこの分野で遅れていた日本は独占されてしまうと日本の政策当局，産業界は考え，産業政策の観点から消極的だったからです．発明は，特許制度では「物の発明」と「方法の発明」に分類されています（特許法2条3項）．この2つは，計測方法とか物の生産に関係のない方法の場合は別物ですが，物の発明に関連する場合は，特許出願の際にどちらに属すか実際には微妙な面があります．たとえば，「物の発明」に，現在の特許庁の判断ではコンピュータプログラムも含むとされていますが，この点は議論があるところで今後見直しが行われる方向です．方法の発明は，さらに，「（単純）方法」と「物を生産する方法」の発明に分類されます．前者は，測量方法，分析方法，通信方法，運転方法などです．後者は，たとえば「A物質とB物質を何度かに加熱してCを混ぜてXを生産する方法」などと表現できる発明で，経時的な要素を含むプロセスとして表現できる点で「物の発明」と区別されます．したがって，たとえば鉛ガラスを繊維状にすることで軽量柔軟にし放射線防止用具に用いる同じ発明を物の発明と方法の発明の2つに書き分けてダブルでとろうとしても特段の経時的要素がないまま「方法の発明」としては認められず，「物の発明」1つしか認められませんでした．（東京高裁昭和32年5月21日判決＜放射線遮蔽方法事件＞）

> **key word**
>
> **物質特許：**
> 化学物質のようにある物質や化合物を精製し，薬品，食品，工業用原料などの有用なものを発明し，特許が認められればその物質をベースとした化合物までいわば川上から川中，川下まで特許の権利が及ぶことになるので，非常に強力な特許となる．特許は伝統的には，機械，部品などが対象であったが，20世紀に入って化学の進歩に伴って，はじめは欧米そして日本でも物質特許が認められるようになった．例えば，インドのような新興国でも，化学などの物質特許を認めるようインドの特許法を改正したのは2004年になってであった．技術競争力の弱い国が，先進国に独占されることを恐れて特許を認めるのに消極的な対応をとりがちな事例である．

3）自然法則を利用した技術

　自然法則を利用するというのは，物理，化学，生物の自然科学の法則の原理・原則を利用するもので，たとえば経済学上の原則や，スポーツやゲームのルールなどは人為的な取り決めであって，自然法則ではありません．また，自然法則そのものは

発明ではありません．たとえば，X物質とY物質を混合すると発熱する自然法則を見出してもそれ自体では発明でなく，この発熱作用を利用して産業有用性のある形で利用してはじめて発明になるのです．たとえば，スピルリナプラテンシスという藍藻類の一種に生体の発色効果があることは自然法則であり，これを見出しただけでは発明にはならないが，この藍藻類を赤色系錦鯉に与えて赤色を鮮やかにする飼育方法とするなら発見を超えて発明になるとされます．（東京高裁平成2年2月13日判決〈錦鯉飼育法事件〉高林龍『標準特許法　第2版』p.27参照）技術とは，目的を達するために，実施可能性と反復可能性，すなわち，実施可能であって，誰が行っても反復して可能なものであることが必要です．反復可能とは，100％の確率でなくても，通常の知識を有する者（当業者）であれば足りるということが，裁判では認められています．（最高裁平成12年2月29日〈黄桃の育種増殖法事件〉竹田和彦『特許の知識』p.50参照．）また，公益を害するなどの発明は特許にならないと規定されています．「ヒトに関するクローン技術等の規制に関する法律」で，クローン人間の研究開発は，10年以下の懲役又は1000万円以下の罰金又は併科できるとされ厳しく規制されています．ただ，日本の特許制度では，医療方法は産業有用性がないという審査基準が出されており，米国をはじめ医療方法の特許を認める方向に世界が動いているため，日本も迅速な改正が求められています．（「35.医療行為と特許」参照）

key word

特許要件：
①発明であること（自然法則を利用した技術（反復継続性及び実施可能性のある技術）的なアイデア），②産業有用性，③新規性，④進歩性，⑤公益を害するものでないこと．以上が特許権を与えられるべきかどうかの特許性の要件．

Q&A

Q1：特許をとるのに必要な条件は何か．

　特許をとるためには，以下の5つの条件が必要です．

(1)「発明」であること．：特許法で，「発明」は，「自然法則を利用した技術的思想の創作のうち高度なもの」．

(2)「産業上利用できること」：特許法の究極的な目的は，「産業の発達に寄与すること」．産業上利用できない発明は対象外となります．その際，実施可能性，反復継続性があるかどうかも判断の基準となります．バイオ特許に関して，

医療行為の方法については，現在は産業上利用できないものとして特許を受けられないことになっていますが，米国では特許が認められており，日本でも検討が行われています．

(3)「新規性」があること：特許出願前に，発表してしまったり（公知：公然に知られること），実施品を発売してしまったり（公用：公然に用いられること）して既に世間に知られている発明は，新規性がないので特許になりません（26.「特許出願 keyword グレース・ペリオド」参照）．

(4)「進歩性」があること：新規性があるアイデアでも，従来の技術と大差のないものであればそれらにいちいち特許を与えると産業活動の支障となります．従来の技術よりも格段の進歩性があることが必要ですが，その際，その分野の標準的な技術者（当業者）の水準を超えたものであるかどうかがどの程度高度なものであるべきかの基準となります．

(5)「公益」を害するものでないこと：いわゆる公序良俗や公衆衛生を害するなどの場合は特許にすることができません．日本の特許法の運用においては，バイオ特許について，産業上利用できるかどうかについて特許性が認められるかどうかの論点はあります．生命体に関し，倫理上の観点から「公益」に関連することについては，厚生労働省の所管によるヒトクローンに関する規制法など別の法律で規制されています．

Q2：すでにある化学物質や微生物などについて特許がある場合に，誰かが新たな用途を発見し，産業上利用できるような発明にしたら特許は認められるか．

既存の物質について新たな用途が見出され抽出，精製を行うことによって新たな発明になる場合，用途発明になりえます．機械などの場合は，あらかじめ特定の用途で作られたものは別の用途で使われるということは考えにくいですが，化学やバイオなどの物質の特許については，用途発明になりえます．例えば，DDT は 1874 年ドイツで発見され睡眠薬として知られて

key word

当業者：
特許の進歩性判断の基準（特許法29条第2項）や出願時の明細書記載（特許法36条第4項）の時に，その技術分野における標準となる者のこと．前者は特許庁の審査官が判断する際の基準であり，特許庁は，各技術分野についての最新の情報を調査して把握を行っている．後者は，出願時の技術常識のある平均水準の技術者がその特許の明細書を見て理解できるように記載されていなければならないという要件である．いずれも特許を審査したり，特許についての権限上の争いが生じた場合に重要な基準となる．

key word

利用発明: 改良発明，応用発明とも言う．他人の発明や自分の発明に改良を加え完成させた発明を言う．他人が特許（基本特許）を持っていても，それを改良した発明で特許（改良特許）はとれる．ただし改良特許を実施する際には，基本特許を持っている人の承諾が必要．反対に，基本特許を持っている人が改良特許を利用する場合は，改良特許を持っている人の承諾が必要．

いましたが，その後効果が少ないので放置されていたところ，1938年にスイスのガイギー社（のちのチバガイギー，現ノバルティス）が優れた殺虫効果を特許出願し，認められました．用途発明の特許については，既に物質について特許を取得している権利者としては，後に用途発明を行った者の権利を認めたくないはずですが，イノベーションの促進の観点から，利用発明の1つとして各国とも肯定的な方針を示しています（用途発明については次項の keyword 参照）．

コラム 科学か，技術か？ 特許をどこまで優先させるか
―― 実現しなかった種なしブドウに関する基本特許

一般に科学技術と言いますが，科学と技術の違いは，端的に言うと，科学は発見であり，技術は発明と言えます．知財の教科書では，単なる発見は，発明にならない，とよく言われます．知財の専門家からすれば，その通りでしょう．しかし，生命や宇宙，深海などの神秘の現象の原理を発見することは，人類の偉大な成果です．それに比べると，発明は，技術者の努力の産物で，産業上有用な製品を世界に供給し，人々の生活を安全，快適に豊かにして貢献します．発見と発明は，研究者の研究過程では，密接不可分なことが多いでしょう．米国の特許法では，同一なものとして取り扱っています．

特許出願を優先させるか，論文発表を優先させるか，これも特許庁や知財専門家の教科書では，まず特許出願すべし，と書いてあります．新規性が失われれば，特許になりません．そのため，「26．特許出願」の国内優先権の仕組みを使って，出願も，論文発表も同時期にライバルに先駆けて行うということが必要になります．

失敗例として，ジベレリンという日本で発明された植物の生長促進物質としての品種改良剤があります．1958年にブドウの房を大きくする実験中に種なしブドウが作られるなど貢献しましたが，この研究を行った住木諭介博士が，米国で発表後に特許出願して，新規性喪失という理由で特許がとれませんでした．この技術を知った米国の製薬会社は，ジベレリンが空気中の酸素によって劣化することをヒントに，合成樹脂のカプセルで包錠するという改良技術の発明の特許をとりました．日本で研究開発された基本発明なのに，米国に対して高額な特許実施料を支払わなければならなくなったという事例の1つです．

29 バイオ分野の特許
(化学物質と生物関連発明)
の種類と概要

key word

用途発明：
従来から存在する物質と同じ構造であっても，新たな用途を見出した発明もその用途に産業として有用性があれば特許となる発明.利用発明の一種.機械，電気分野よりも化学，医薬，材料などの分野において用途発明は関係してくる．例えば，ある新規な構造の化学物質を生産する発明について特許出願しようとする場合，その用途について記載がなければ，競合企業などに用途発明を抑えられてしまう．この場合，せっかく自分が基本特許を取得しても，他社に用途発明の改良特許をとられてしまい，その用途の生産などを行おうとしても改良特許を持っている企業のライセンスをとらなければならなくなる．

❖ 1975年に日本でも認められた化学物質特許．薬などでは，用途発明の応用範囲が広い．
❖ 生物関連発明には，生命体に関するものや遺伝子に関するものがある．
❖ 微生物の特許出願については，出願書類の他に，微生物の寄託が必要な場合もある．

1) 化学物質の特許が認められた経緯

化学物質について，欧米に続いて日本でも1975年に特許法が改正されて特許が認められるようになりました．(「28. 特許性の基準 2)」参照.) 日本もかつては途上国であり，技術水準が低い段階では，医薬品や化学物質などに特許を付与する特許法の制度を採用すると，国民生活に深刻に関わる物品が先進国に独占され自国の産業を阻害するおそれがあるので，特許を与えないという産業政策が有効と考えられていました．化学物質は，それがたとえ既知であっても，さまざまな用途が後から発明になることもあり，化学物質そのものの物質発明に特許が与えられれば非常に強力になり，先進国から産業支配される可能性が高くなるためです．

ただし，化学物質の特許を認めないとの産業政策がとられた場合でも，化学物質そのものへの特許を認めろ，との先進国からの圧力がありました．それに対しては，化学物質そのものの特許は不特許事由として認めないとしても新規の化学物質の製

造方法としては特許を受けることができるという妥協策がとられました.これによって新規の製造方法についてはたとえ外国企業に独占されても,その国では同じ化学物質を国内企業も製造することができ,外国企業にキャッチアップすることができるからでした.

かつての通商産業省(現経済産業省)はこのような産業政策を駆使して日本の産業を欧米にキャッチアップさせ日本を高度成長させ第二次世界大戦敗戦後の復興を実現させました.しかしながら,このような産業政策は国の発展段階では一定の効果を上げますが,保護主義に陥れば,先進国からの批判を受け摩擦を生じかねません.WTO(World Trade Organization 世界貿易機構)のTRIPS(知的所有権の貿易関連の側面に関する協定 Agreement of Trade -Related Aspects of Intellectual Property Rights)に対応するため中国は,2001年にWTO加盟のため前もって対応を整備していましたが,元々WTOの1995年設立当時から加盟していたインドなどは10年間の猶予措置を受けており,そのため南アなどにエイズ薬のコピー薬を供給し続けることができていました.そのインドも猶予措置切れの前に2005年に特許法を改正し化学物質や遺伝子などに特許を付与しました.

2) バイオ分野の特許の種類

1970年代の遺伝子組み換え技術の発展以降,遺伝子や微生物,遺伝子組み換え動植物などについて,特許を付与すべきかどうか米国,欧州,日本などで議論がなされ,徐々に特許の適応範囲が広がってきました.現在までの状況として,まとめると以下のとおりです.すなわち,微生物や遺伝子については,人為的に抽出され,機能が解明され産業有用となるものについては,各国の特許法で特許が付与されています.また,動植物の品種自体について日本,韓国,米国の特許法は対象にしていますが,欧州特許条約と中国特許法では同様に動植物自体の特許は除外されています.ただし,その場合も動物,植物に関する発明は特定の品種に限定されない場合は特許可能であり,微

> **key word**
>
> **TRIPS協定:**
> 1995年にWTOが成立する前の前身のGATT(関税貿易に関する一般協定)においては,特許はパリ条約,著作権はベルヌ条約などで規定されていたが,米国などは途上国におけるこうした知的財産権の保護が不十分であると主張して,もともとは貿易や投資についての国際制度であるはずのWTOの中にTRIPS協定を附属の協定として含め,強化し,加盟国が知的財産権の保護を遵守しない場合の紛争処理手段について,輸入制限や刑事罰などの制裁措置を持たせた.先進国,途上国間のみでなく,欧米や日本などの先進国間においても,さまざまな知的財産案件に関するトラブルが持ち込まれ,国家間の紛争処理協議の場として活用されている.

生物的な植物の品種についての方法は特許が認められています．ヒトクローンなどへの特許の付与は倫理道徳的な観念から禁止されている状況です．

バイオテクノロジーは両刃の剣とも言え，人類に福音をもたらすとともに，倫理道徳的観念から広い範囲で議論が衝突することがあります．2009年1月に米国初の黒人大統領となったオバマ大統領は，ブッシュ前政権において凍結していたES細胞への国家予算凍結を解除しました．

3）微生物に関する特許についての寄託制度

通常の特許出願では，明細書と必要な場合は図面を提出すればよく，現物のサンプルなどは，特に要求された場合以外は提出する必要はありません．ところが微生物の発明は，地中から抽出した微生物がほとんどなので，審査官が書面上だけで判断することは通常は不可能です．このように明細書に記載するだけでは技術の開示は不十分であり，また発明の実施可能性について確認を行う必要があるため，特許法では各国の特許庁の指定機関に微生物を寄託する制度を設けています．日本では，経済産業省の所管の独立行政法人である産業技術総合研究所・特許微生物寄託センターと製品評価技術基盤機構・特許微生物寄託センターの2つが指定されています．基本的には，微生物について，特許出願前に指定寄託機関に寄託の証明を受けることになっていますが，遺伝子技術の発達によって，対象となる微生物が遺伝子組み換えによって大腸菌などの一般的なものに形質転換されて化合物の合成方法と同じように再現できるようになってからは，このような場合など特許出願の際に明細書に再現可能な記載をしていれば寄託は不要になりました．

微生物に関する特許の寄託制度は各国にあり，国際的な条約としてはブタペスト条約があり，指定寄託機関の1つに寄託されれば，同条約に加盟する国ではその国に特許出願される場合に認められることになっています．

---

key word

特許微生物寄託センター：
微生物についての発明は，地中などから採取された微生物から抽出，精製されたものがほとんどであるため，出願の明細書の中に記載されただけでは，採取場所が具体的に記載されていても同一の微生物は発掘不可能なことが多い．特許制度は，発明内容の独占排他権を与えるとともに公開することによって利用促進を図ることであるため，特許出願された微生物が希望者に分譲される仕組みが米国で定着し，ブダペスト条約という国際的な枠組みで特許制度を有する加盟各国が寄託制度を取り決め採用している．

Q&A

Q1：なぜ微生物や遺伝子などもともと自然に存在するものに特許が与えられるのか．

　微生物や遺伝子を発見しただけでは特許になりません．人為的に抽出され，産業有用性のある機能が解明された発明に対して特許を付与するのです．これによって人類の健康や食物増産，環境保護などの産業を振興するためです．

Q2：農産物など植物の新品種について種苗法があるが，特許や商標との関係はどうなっているのか．

　種苗法は，農林水産省の所管の法律で，農産物や花等の植物の新品種の創作をした者が登録することで育成する権利を占有できるものです．種苗法によって登録された日本の新品種が海外に持ち出されることや逆輸入された場合にも税関でストップできます．他方，植物の新品種については日本や海外の特許庁に出願し，審査を受けて特許権をとることもできます．この両者の関係については，たとえばリンゴの「むつ」，「ふじ」などは突然変異によってできた新品種であり，種苗法では対象になりますが，育種過程の再現は困難なため特許法では対象になりません．この場合は，特許権でなく種苗法の育成権での保護が適当といえます．他方，種苗法で登録された品種と同一又は類似のネーミングを商標登録することは双方の法律の規定でできないことになっています．また，特許法においては，海外でも出願して各国の特許権をとって，現地において権利侵害をストップさせることができますが，種苗法においては，各国における登録によって輸入差止めなどの水際の防止に止まる点が相違します．

　（注）なお，歴史的にみると1980年の米国のチャクラバティ判決があります．米国GE社の研究者チャクラバティ博士が海上汚染の原因になる海面の流出原油を分解する効果のある微生物を抽出し，産業有用性のある発明を行ったものに対して米国特許庁は特許を付与しないため裁判となり，米国最高裁判所における僅差の判決で特許庁の判断が覆され，特許が認められま

key word

種苗法：
優れた植物の新品種について欧米では保護の必要性が早くから認められ，1961年に「植物の新品種の保護に関する国際条約」が成立して以降，日本でも1978年に種苗法として施行された．他方，特許については，1985年に日本でもペンタヨモギについての特許が認められ，現在では植物については，種苗法でも特許法でもまた重複しても保護を行うことができる．ただし種苗法は農林水産省の所管であり，特許法は経済産業省，特許庁の所管であり，以前より双方の法律について調整が十分でなかった面もあったが，最近は両省間で農商工連携研究会が行われるなどの動きが進んでいる．

した．その後，1988年にハーバード大学のガン遺伝子を導入したトランスジェニックマウス（通称　ハーバードマウス）に特許が認められました．キリスト教会や動物保護団体などから強い批判を引き起こしましたが，米国では現在まで多数の動物特許が付与されています．

欧州では，米国以上に反対運動が強く米国のハーバードマウスは1989年に欧州特許庁で拒絶されました．1991年に特許が付与されたものの，異議申し立てなどの反対が相次ぎ審査差し戻しとなるに至っています．バイオ産業に遅れをとるとの懸念が政策的な背景にあり，10年後の2001年に，ようやく欧州でもハーバードマウスへの特許付与が確定しました．

日本では，1985年に植物自体の特許（回虫駆除薬サントニンの高含有率ペンタヨモギ），1988年に子宮を短縮する豚の特許，1991年にヒト白内障に酷似する疾患を遺伝的に発病するラットの特許などをはじめ数多くの特許が付与されています．なお，2008年には京都大学の山中伸哉教授の発明による画期的なiPS細胞の製造方法の特許が成立しました（「31. iPS細胞とES細胞の特許」参照）．

30 塩基配列解読手法の進歩と特許

> ❖ DNA ポリメラーゼの進歩による塩基配列解読の効率化
> ❖ アイソトープから蛍光色素への検出法の進歩
> ❖ スラブゲルからキャピラリーへの分離法の進歩

1）酵素の進歩

　当初，サンガー法による塩基配列解読には，大腸菌のDNAポリメラーゼの一部が主に用いられていました．大腸菌のDNAポリメラーゼをある種のタンパク質分解酵素で切断すると2つのタンパク質断片になるのです．その大きな方の断片が，「klenow（クレノー）酵素」と呼ばれ，本来大腸菌由来のDNAポリメラーゼが有しているDNAを末端から分解していく活性が無くなって，DNA鎖の合成を行う機能だけを有するDNAポリメラーゼになり，本塩基配列解読手法のようにDNA鎖を効率よく合成させる場合に適しています．しかし，本酵素は大腸菌から見出された物ですから，安定性は比較的低いものでした．クレノー酵素を用いる時には，1度酵素がDNAを合成するだけなので，鋳型となるDNAが比較的大量に必要でした．そこで次に，PCRの時と同様に，何回も反応を繰り返すことが行われるようになりました．合成された二本鎖DNAに熱を加えて1本鎖に分離する必要があるので，95℃程度まで反応液の温度を上昇させて，二本鎖DNAを1本鎖にするステップが途中で必要になります．この熱処理の際にも

key word

クレノー酵素：
大腸菌のDNAポリメラーゼをトリプシンで処理した大きな断片で，合成活性は残すが，分解活性がない．大腸菌由来なので高温では失活する．

key word

耐熱性 DNA 合成酵素：
高温の環境で生育している微生物が有している DNA 合成酵素として見いだされた．95℃の加温でもその活性は失われない．

key word

ポリアクリルアミドゲル：
アクリルアミドとメチレンビスアクリルアミドを適切な割合で混合し，重合促進剤を加えることで作られる．透明なので生体分子の分離によく用いられる．

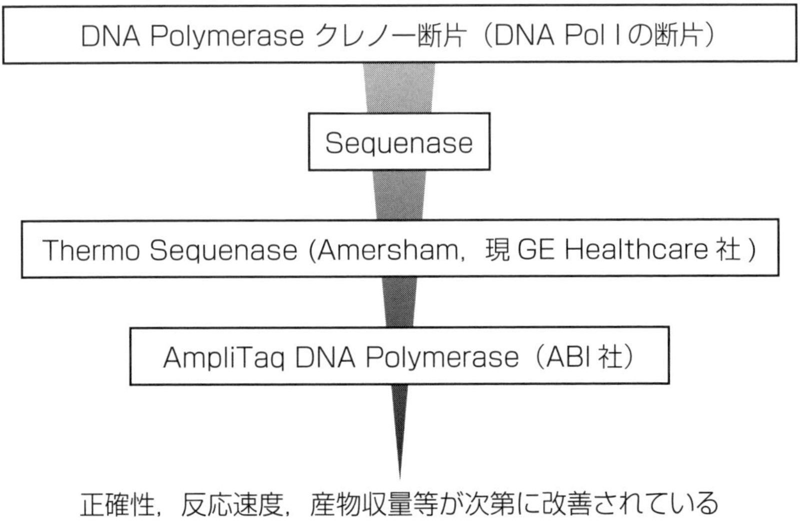

DNA 合成活性を失わない「耐熱性の DNA 合成酵素」が次に使われるようになりました．さらにその活性を向上させた耐熱性 DNA ポリメラーゼが作製されました．1 つのアミノ酸の変化によって性能が飛躍的に向上した酵素が，2 つの会社から異なるアプローチでほぼ同時に作成されました．どちらの新規酵素も特許を申請すると共に，お互いに特許侵害の裁判も起こしたというものでした．

2）検出法の進歩

サンガー法でもマクサム・ギルバート法でも，1 塩基分の長さが異なる DNA 分子をポリアクリルアミドゲルで分離します．そこで，当初は塩基配列を決めたい DNA 鎖の末端を放射性同位元素によって標識して，ポリアクリルアミドゲル電気泳動後に X 線フィルムに感光させてシグナルを検出していました．X 線フィルムに現れた，アミダ状の DNA のシグナルを辿り塩基配列を解読するのですが，この手法では手作業での塩基

```
┌─────────────────────────────────────────────┐
│ DNA Polymerase クレノー断片（DNA Pol I の断片）│
└─────────────────────────────────────────────┘
                      ▼
        ┌──────────────────────┐
        │     Sequenase        │
        └──────────────────────┘
                      ▼
┌─────────────────────────────────────────────┐
│ Thermo Sequenase (Amersham, 現 GE Healthcare 社) │
└─────────────────────────────────────────────┘
                      ▼
      ┌────────────────────────────────┐
      │ AmpliTaq DNA Polymerase（ABI 社）│
      └────────────────────────────────┘
                      ▼
```

正確性，反応速度，産物収量等が次第に改善されている

[図 30.1] 反応に用いる酵素の進歩

配列の解読が必要とされました．この放射性同位元素を用いた手法では，塩基配列解読の自動化は困難でした．そこで自動的な塩基配列の解読を目指して，蛍光色素によってシグナルを検出する手法の開発が進められました．そこでは合成反応を止める A, G, C, T ごとにプライマーに異なる4種類の蛍光色素を結合し，電気泳動後にレーザー光による刺激で得られた蛍光によりその場所に位置するDNA末端の配列を検出するようになりました．この4種類の蛍光色素を用いることで，1つのサンプルを1レーンに流すだけで，塩基配列の解読が可能になりました．この改良を生かすことで，最初の自動シーケンサーは，開発されました．この4色の検出の際，初期にはフィルタを切り替えて異なる波長の蛍光を検出していましたが，これでは4回のスキャンを行わないと1セット分のデータを得ることが出来ませんでした．このため，プリズムによって4色を同時に分離することで4色分のデータを同時に得ることができるようになりました．これらの各データ検出手法は，開発された時点で特許等が取得されることで，開発した企業の製品として利用されました．

3) 分離法の進歩

　初期の塩基配列解読技術では，尿素を含むポリアクリルアミドゲルを用いて，1塩基分の長さが異なるDNA分子を分離することで，塩基配列を解読していました．このポリアクリルアミドゲルは，2枚のガラス板の間に作る必要がありました．ここでは，厚さ0.1ミリ程度のアクリルアミドゲルを2枚のガラス板の間に作る必要があります．これを「スラブゲル」と呼びますが，全て手作業で作製されていました．当初の自動塩基配列解読装置では，このアクリルアミドスラブゲルの作製・設置は手作業で行われていました．このゲルを挟むガラス板にほんの小さなほこりが付着していても，そこに気泡が形成されることからガラス板の洗浄には細心の注意が必要とされました．このように作製されたスラブゲルですが，ガラス板の厚さから温度コントロールなどが容易ではありませんでしたし，高温にす

GATC

蛍光を検出　レーザー光
−極
＋極

RIによりフィルムに　　スラブゲルタイプ　　キャピラリータイプ

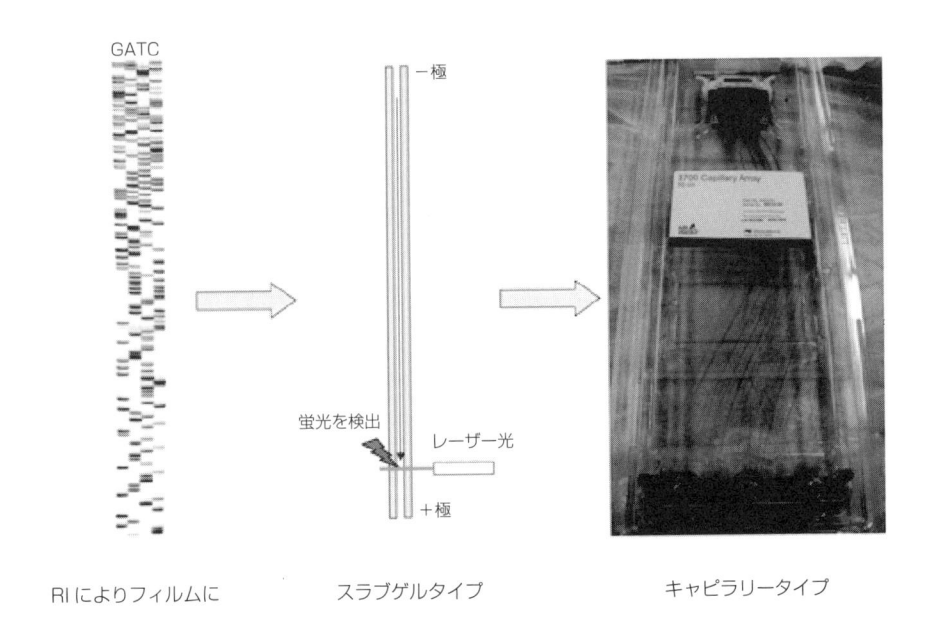

[図 30.2] 自動塩基配列決定装置の検出方法の進化

るとガラス板が破損することもありました．そこで，サンプルDNAの分離を良くし，泳動時間の短縮のために高温での泳動が計画されました．しかし，従来のスラブゲルタイプのゲルはこのような性能には適していませんでした．そこで用いられたのが，細いガラス管の中でサンプルDNAを分離することでした．このキャピラリーを用いる方法で，スラブゲルを用いた際よりも高温での分離が可能になり，高速化および解析精度の向上が見られました．

　これらの塩基配列解読手法の進歩に貢献した技術は特許戦略を利用した企業によってうまく利用され，一般に普及してきました．

Q&A

Q1：サンガー法で初期に用いられる酵素は何か．

大腸菌のDNA合成酵素を分解して作ったクレノー酵素で塩基配列決定反応時に増幅反応を行うようになると，耐熱性DNA合成酵素が用いられるようになりました．

Q2：蛍光色素を塩基配列解読に用いることで，どの点が変わったのか．

　放射性同位元素では困難であった自動化が可能となりました．4色の蛍光色素を用いることで常に1レーンで1サンプルの塩基配列を決定することができ，効率化が進みました．

Q3：キャピラリーによる解読の利点は何か．

　ゲルを高温に保持できることで，DNAの分離能および流速を向上させることができました．その結果，解読できる塩基数が長くなり，解読時間も短縮されました．

コラム | **キャピラリーDNA自動シーケンサーと日本の技術**

　キャピラリータイプの自動シーケンサーの開発は日本で精力的に取組まれました．特にシグナル検出の手法は他にない独特のものでした．その結果，世界で最も多くのDNA自動シーケンサーを販売している会社のシーケンサーにその技術が採用されました．さらにそのシーケンサーの生産も日本のメーカーが行っていました．しかしながら現在，主に研究に使用されているキャピラリータイプの自動シーケンサーは，日本のメーカーによって生産されているものですが，残念ながら米国製のブランドをつけられて流通しています．

5章 特許性をめぐる新論点と明細書記載の実践例

31 iPS細胞とES細胞の特許

❖ 生命倫理の問題は,ヒトES細胞の特許適格性に関する論争を巻き起こした.
❖ ヒトES細胞の問題点を解決したiPS細胞と特許の重要性.
❖ ヒトES細胞研究で立ち遅れた日本は,iPS細胞の知的財産保護で挽回できるか?

1) ヒトES細胞と生命倫理

胚性幹(Embryonic Stem; ES)細胞は,無限に増殖可能で,ほとんど全ての細胞に分化する能力(この能力を多能性(pluripotent)といいます)を有する細胞です.移植医療において移植する細胞や組織の無尽蔵の供給源となり得るため,再生医療の切り札として注目されてきました.ヒトES細胞は,1998年ウィスコンシン大学のジェームズ・トムソン教授により樹立されました.ジェームズ・トムソンは,1995年にはサルのES細胞を世界で初めて作り,ヒトiPS細胞を巡っては,激しい競争の末,山中教授と同日にScience誌に論文が掲載されました.しかしながら,10年を経過した今もヒトES細胞が移植医療に使用された例はありません.ヒトES細胞の再生医療への応用を妨げる2つの大きな障壁があります.その1つは生命倫理を巡る問題です.ES細胞はその名の通り,胚(胎児とよばれるようになる前の細胞の塊)から取り出した細胞を特殊な条件で培養することにより樹立されたものであり,ヒ

key word

生命倫理:
ヒトES細胞は生命の萌芽である胚を破壊して作られるので,研究に対する規制だけでなく,特許の対象からも除外している国がある.

トの場合，不妊治療で使用されなかった余剰胚から作製されます．余剰胚は大部分が廃棄される運命にありますが，子宮に戻せば胎児になるはずの胚を壊すことへの批判は，キリスト教保守派を中心に根強くあります．

　特許法におけるヒトES細胞の規制（特許適格性＝特許の対象となり得るか否か）は国によって様々です．米国では，ヒトES細胞自体やその製法などの発明は特許対象から除外されておらず，実際，上述のトムソン教授のヒトES細胞や霊長類ES細胞の特許が既に成立しています．一方，欧州では，欧州特許条約（EPC）第53条(a)において公序良俗に反する発明を特許対象から除外することを定め，生物関連発明については，施行規則第23d規則(c)において「工業目的又は商業目的でのヒト胚の使用」を含む発明には欧州特許を付与しないと規定しています．トムソン教授のヒトES細胞に関する欧州出願はヒト胚自体に関するものではありませんが，ヒト胚以外の出発材料が何ら示されていない以上，不可避的にヒト胚の使用を伴うとの理由で特許になりませんでした．

2) パイオニア発明としてのiPS細胞特許

　ヒトES細胞の再生医療への応用を妨げるもう1つの大きな障壁は拒絶反応の問題です．ヒトES細胞は余剰胚から作製されるので，必然的に移植を受ける患者とは別人の細胞であり，ES細胞から作られた細胞や臓器は「異物」として拒絶されてしまいます．

　生命倫理の問題と拒絶の問題，これら2つの大きな問題を一気に解決したのが京都大学の山中伸弥教授が作製した人工多能性幹（induced Pluripotent Stem; iPS）細胞です．山中教授は，ES細胞で活発に働いているいくつかの遺伝子をマウスの皮膚細胞に導入することにより，ES細胞と同様の増殖能力と多能性を有する細胞を樹立することに成功し，2006年8月に学術誌「Cell」に発表しました．2009年初めまでに，山中教授，前述のトムソン教授をはじめ，ハーバード大，マサチューセッツ工科大などの主要グループのiPS細胞に関する特許出

願が相次いで公開されました．我が国では，山中教授の出願のうち，導入する遺伝子の種類を4種類（この4遺伝子は「山中ファクター」と呼ばれています）に特定した発明がいち早く特許されており，今後は，遺伝子の種類を限定しない広い権利をいかに取得するかが焦点になりそうです．

　iPS細胞は，ヒトES細胞が抱える臨床応用上の問題を解決したのみならず，細胞の分化は後戻りできないとする旧来の概念を覆し，細胞の時計の針を巻き戻せるというパラダイム転換をもたらした極めて独創的な発明です．このような発明は「パイオニア発明」と呼ばれ，少ない実験データであっても広範な権利が付与される可能性があります．しかしながら，日米欧三極におけるバイオ分野でのパイオニア発明に対する特許保護の現状を比較すると，日本では，厳格な審査のために欧米に比べて審査が長期化しがちになっているため，特許の寿命が短くなるとともに，権利範囲も狭められる傾向にあるようです．今後は，パイオニア発明の価値を正当に評価し，その価値に見合った権利範囲を付与するために，柔軟な審査の運用が求められることになるでしょう．

3) ヒトES細胞研究の立ち遅れとiPS細胞特許

　マウスやサルのES細胞を用いた基礎研究においては，日本発の論文発表数が世界全体の約3割を占めるのに対し，ヒトES細胞に関する論文数は，世界のわずか1％程度にしかすぎないそうです．このように，わが国のヒトES細胞研究が世界から大きく立ち遅れてしまったのには，研究の認可のための倫理審査が厳しすぎることが大きく影響しているようです．特に，既存のヒトES細胞株を実験室内で「使用」するだけの研究に対しても，新たなヒトES細胞株を「樹立」する研究と同様に厳しい審査が課されているのは他国に例がなく，国際常識から大きく乖離しています．国の基本政策は研究推進を標榜しているのに，現場では必要以上に規制をかけて研究の足かせとなってしまっている現状を，大いに見直す必要がありそうです．

> **key word**
> 山中ファクター：
> 山中教授が当初マウスiPS細胞を作製するために用いたOct3/4, Klf4, Sox2, c-Mycの4遺伝子．その後，がん遺伝子のc-MycなしでもiPS細胞ができることが示された．

> **key word**
> ヒトES細胞研究：
> わが国のヒトES細胞研究に対する厳しい規制は，この分野での立ち遅れを招いただけでなく，ヒトiPS細胞の臨床応用にも影を落としている．

但し，ヒトES細胞を再生医療に実用化するとなると，上述のように拒絶の問題がネックになります．拒絶が起きにくくするには，細胞表面の型（HLAタイプといいます）が患者となるべく一致する細胞を用いる必要がありますが，新たなヒトES細胞の樹立研究については，国際的にみても慎重なスタンスがとられていますので，さまざまなHLAタイプのヒトES細胞を揃えることは容易でないかもしれません．従って，倫理面での規制がないヒトiPS細胞の包括的な特許を獲得できれば，ヒトES細胞での出遅れを挽回し，再生医療分野における日本の競争力を高めることができるでしょう．

実際には，ヒトiPS細胞を再生医療に応用するためには，安全面においてES細胞以上に高いハードルをクリアする必要があります．しかし，iPS細胞には移植以外の使い道があることも見逃せません．例えば，患者本人の細胞から作製したiPS細胞から分化させた細胞や臓器を用い，病気の原因や薬がその患者に合うかどうかなどを，患者に負担をかけることなく調べることができます．いわゆるオーダーメイド医療の実現に大きく貢献できます．このような用途であれば，比較的早期に実用化が可能と思われます．

ただ，患者に移植される細胞や臓器，あるいは試験目的で使用される細胞や臓器は，ヒトiPS細胞から分化誘導して作製する必要がありますが，そのような分化誘導法としては，ヒトES細胞で用いられてきた方法がそのまま適用される場合が多いと予想されます．そして，そのような方法の多くは，ヒトES細胞研究が進んだ欧米の大学や企業によって，既に特許が取得されているはずです．従って，ヒトiPS細胞に関する包括的な特許を日本が獲得できたとしても，その技術を実用化するにあたっては，他者の特許発明を利用しなければならず，結果的には，お互いの特許をクロスライセンスして双方が実施できるようにするといった方策を講じる必要が生じるでしょう．

Q&A

Q1：日本では，ヒトES細胞に関する発明は特許になるか．

---

key word

HLA：
Human Leucocyte Autigen（ヒト白血球型抗原）の略．いわば白血球の血液型であり，数万通りの組み合わせがある．両親から半分ずつを受け継ぐので，兄弟姉妹間では4分の1の確率で一致する．

key word

オーダーメイド医療：
患者個々の体質に合った医療を行うことで，テーラーメイド医療などとも言う．遺伝子分析によってヒトの体質について大量の情報を分析できるようになり，患者に最適な治療薬・方法を行うこと．

key word

クロスライセンス：
異なる主体間で，お互いに特許権をライセンスし合うこと．これによって両者が技術戦略上アライアンスを組むことにもなる．また，複数の企業などが特許をプールして共通の標準化を目指すことをパテント・プールと言う．

我が国では，ヒト胚の使用を特許対象から除外する明文上の規定はありませんが，特許法32条で公序良俗に反する発明を特許対象から除外しており，ヒト胚の破壊を伴う発明については，32条違反を理由に出願を拒絶するのが従来の審査実務となっています．但し，既存のヒトES細胞を使用した発明（例，神経細胞への分化誘導法）には特許が付与されています．

Q2：iPS細胞とES細胞とは区別できるか．

　iPS細胞とES細胞とは，形態や性質においてほとんど区別がつきません．だとすると，iPS細胞の製法の発明は特許になるが，iPS細胞自体の発明は，ES細胞と「物」として区別できないから新規性がないとの理由で，特許されないのではないか？　との疑問が生じます．山中教授らが最初に作り出したiPS細胞は，導入した遺伝子が細胞の染色体に組み込まれるため，外部から遺伝子が組み込まれていないES細胞とは構造的に異なると主張できます．しかし，導入した遺伝子はランダムに染色体に組み込まれるので，場所によっては染色体にある細胞の遺伝子を破壊してしまう可能性があります．そのため安全性を高めるためには，染色体に組み込まれない（あるいは後から取り除ける）タイプのiPS細胞も作り出されており，このような新世代のiPS細胞の場合，ES細胞との区別はさらに困難になってきています．

Q3：マウスやサルのES細胞の研究成果はヒトiPS細胞の分化誘導に使用できないのか．

　例えば，マウスES細胞から神経細胞への分化を効率よく誘導する方法が見出されても，そのままヒトES細胞に適用できるケースは多くありません．他方，サルES細胞は形態や培養条件がヒトES細胞に比較的近いので，ヒトES細胞やヒトiPS細胞にもそのまま適用できる可能性は，マウスに比べれば高いかもしれません．しかし，サルES細胞での実験データのみに基づいて，ヒトES細胞やヒトiPS細胞も権利範囲に含めた広い特許を取得できる保証はありません．従って，ヒトiPS細胞からの各種細胞への分化誘導に関しては，ヒトES細胞研究の規制が緩やかな国の方が知財面でより優位に立つ可能性が

高くなることも考えられるという問題があります．

バイオテクノロジーの分野でのパイオニア発明として名高いものに，バクテリアを利用した遺伝子組換え技術に関する「コーエン・ボイヤー特許」があります．スタンフォード大学のコーエンとカリフォルニア大学のボイヤーの共同発明によるもので，スタンフォード大学の技術移転機関がライセンス供与を行い，約2億5000万ドルの収入をあげました．一方，これとは対照的に，パイオニア発明でありながら特許を取得し損なった例があります．英国のケーラーとミルシュタインによるモノクローナル抗体技術です．彼らは抗体を作り出す細胞を無限に増殖するガン細胞と融合させることにより，純粋な抗体を大量に生産する技術を開発し，後にノーベル賞を受賞しました．ところが，彼らの所属する研究機関が特許出願を怠っている間にミルシュタインが論文を公表したため，新規性が失われてしまいました．こうして英国は，莫大なライセンス料を生むはずの特許を取得する機会をみすみす失ったのです．

コラム｜パイオニア発明の明暗
なぜ「i」PS?

iPS 細胞は何故「i」だけが小文字なのだろうと疑問に思いませんか？　これは，山中教授が新しい多能性幹細胞を命名するにあたり，当時から大人気であったアップル社の携帯音楽プレーヤー「iPod」をもじったからだそうです．また，トムソン教授がヒト iPS 細胞を作るのに用いた4つの遺伝子は，山中ファクターと呼ばれる4遺伝子と2つが共通し，2つが異なっていましたが，異なる2遺伝子のうちの1つが「Nanog」と呼ばれる遺伝子です．実は，この Nanog も，2003年に山中教授が ES 細胞の多能性を維持するのに必須の遺伝子として同定したものですが，ケルト語で常若（不老不死）の国を意味する「Tir Na Nog」から命名されたそうです．

32 明細書・特許請求の範囲の記載

> ❖ 特許制度は，技術公開の代償として独占権を付与するものである．
> ❖ 明細書・特許請求の範囲は，この制度の目的を達成できるよう記載することが求められる．

1）明細書の目的

　特許制度は新しい発明（技術）を開発し，これを公開した者に対して一定期間，特許権として独占権を付与して発明の保護を図るとともに，第三者に対してはその発明内容を記載した明細書を開示した公開公報を技術文献として利用する機会を与え，産業の発展に寄与する制度です．従って，明細書は独占権を与えるための権利書として，また技術文献として機能することが要求されます．そのため，特許法はその記載要件を定めてこれら機能を全うすることを要求しています．

2）明細書・特許請求の具体例

　以下に，特開2006─141329号公報をもとに，バイオ分野の特許に関する明細書・特許請求の範囲の記載事例を紹介します．

　「明細書」の記載要領は2009年1月1日より変更されていますが，この新要領で作成された明細書は2010年7月1日以後に公開されることになります．本書では，この新しい記載要領に即して説明しますので，特開2006─141329号公報の明

細書と，以下の説明との間に若干の相違点があることをご了承ください。

当該公報のフロントページは以下の通りであり，書誌的事項，要約が記載されています。

JP 2006-141329 A 2006.6.8

(19) 日本国特許庁(JP)　　(12) 公開特許公報(A)　　(11) 特許出願公開番号
　　　　　　　　　　　　　　　　　　　　　　　　　　　特開2006-141329
　　　　　　　　　　　　　　　　　　　　　　　　　　　　　(P2006-141329A)
　　　　　　　　　　　　　　　　　(43) 公開日　平成18年6月8日(2006.6.8)

(51)Int.Cl.		F I			テーマコード (参考)
C12N	15/09	(2006.01)	C12N	15/00　ZNAA	2G045
A01K	67/027	(2006.01)	A01K	67/027	4B024
A61K	31/7088	(2006.01)	A61K	31/7088	4B063
A61K	31/713	(2006.01)	A61K	31/713	4C084
A61K	35/76	(2006.01)	A61K	35/76	4C085

審査請求　未請求　請求項の数 40　OL　(全 32 頁)　最終頁に続く

(21) 出願番号　　特願2004-338220(P2004-338220)
(22) 出願日　　　平成16年11月22日(2004.11.22)
(71) 出願人　503359821
　　　独立行政法人理化学研究所
　　　埼玉県和光市広沢2番1号
(74) 代理人　100080791
　　　弁理士　高島　一
(72) 発明者　王　継揚
　　　神奈川県横浜市鶴見区末広町1-7-22
　　　独立行政法人理化学研究所　横浜研究所内
Fターム (参考)　2G045　BB20　CB01　FB03　FB08
　　　　　　　　4B024　AA01　AA11　BA10　CA04　CA06
　　　　　　　　　　　　DA02　EA04　GA11　HA11　HA12

最終頁に続く

(54)【発明の名称】Polθノックアウト動物、並びに免疫機能調節用組成物及びそのスクリーニング方法

(57)【要約】
【課題】Polθ遺伝子の機能解析に有用な手段、並びに新規医薬・試薬、およびそれらの開発に有用な手段などを提供すること。
【解決手段】Polθ遺伝子の機能的欠損を含む非ヒト動物、およびその製造方法；Polθ遺伝子の機能的欠損を含む動物細胞、およびその製造方法；Polθ遺伝子の相同組換えを誘導し得るターゲティングベクター、およびその製造方法；免疫機能調節用組成物；免疫機能を調節し得る物質のスクリーニング方法；免疫機能の調節能の変化をもたらすPolθ遺伝子多型の同定方法；動物における免疫疾患の発症または発症リスクの判定方法；免疫疾患の発症または発症リスクの診断剤など。
【選択図】なし

3) 明細書の構成
1. 【書類名】の欄
　書類名は「明細書」と記載します．明細書には発明の内容を「特許請求の範囲」に見合う程度に詳細に説明します．

2. 【発明の名称】の欄
　発明を端的に表す題名を記載します．
（例）

> 【発明の名称】Ｐｏｌθノックアウト動物，並びに免疫機能調節用組成物及びそのスクリーニング方法

3. 「発明の詳細な説明」について
　当業者が発明を実施できるように，明確かつ十分に記載することが要求されます．
（1）【技術分野】
　発明の技術分野を明確にするため，簡潔に記載します．
（例）

> 【技術分野】
> 【0001】
> 　本発明は，新規動物，新規動物細胞，新規ターゲティングベクター，及びこれらの製造方法，並びに新規組成物，新規スクリーニング方法，新規同定方法，新規判定方法，および新規診断剤などを提供する．

（2）【背景技術】【先行技術文献】
　【背景技術】には関連する従来技術について記載し，【先行技術文献】には公知刊行物の名称を記載します．

(例)

【背景技術】【0002】
近年，世界的なレベルでさまざまな生物のゲノム配列の解明とその解析が進められており，例えば，ヒトやマウスでは，ゲノム全配列の解析が終了している．ゲノム情報は，創薬において非常に重要な意義を有すると考えられるものの，単にゲノム配列が決定されただけでは，遺伝子の機能が明らかになり創薬標的蛋白質が見出されるわけではない．
【0003】
遺伝子の機能を解明する手法の１つとして，遺伝子ノックアウト技術が知られている．遺伝子ノックアウト技術によれば，ゲノム配列解析のみでは得られない重要な情報が得られ，新規の創薬標的蛋白質を発見することが可能である．
【0004】
Ｐｏｌθ（ＤＮＡポリメラーゼθ）遺伝子は，そのＮ末端部分にヘリカーゼドメイン，そのＣ末端部分にＰｏｌドメインを含む蛋白質をコードする遺伝子である（例えば，GenBankアクセッション番号：AY074936参照．なお，Ｐｏｌθ遺伝子は，ｐｏｌｑとも呼ばれるが，本明細書中では便宜のため，Ｐｏｌθ遺伝子と呼ぶ）．Ｄｒｏｓｏｐｈｉｌａ　Ｐｏｌθ変異体は，シスプラチン等のバイファンクショナルＤＮＡ架橋剤に高感受性であるが，メチルメタンスルホネート等のモノファンクショナル架橋剤に高感受性ではないことも報告され，このことから，Ｐｏｌθ遺伝子は，ＤＮＡ鎖間架橋の修復に必要であると考えられている．さらに，Ｄｒｏｓｏｐｈｉｌａ　Ｐｏｌθ変異体は，自然発生的な染色体異常を劇的に増加させることも報告されている．これらの知見は，Ｐｏｌθ遺伝子が，ゲノム安定性の維持，並びにＤＮＡ修復に役割を果たしていることを示す．

【0005】
ヒトPolθは，Drosophila Polθに対し，ヘリカーゼドメインでは42％同一性（62％類似性），Polドメインでは27％同一性（41％類似性）を示す．ヒトPolθの機能は未知であるが，Drosophila Polθとの構造的類似性から，DNA鎖間の修復に役割を果たし得ると考えられている．また，Polθ遺伝子は，リンパ節，胸腺，骨髄，胎児肝，扁桃等の免疫系組織，結腸，精巣，胎児脳等の非免疫系組織，GC B細胞等のB細胞で発現していることが知られている（非特許文献1参照）．
【0006】
現在までに，Polθ遺伝子と疾患との関係についていくつかの報告がある．
例えば，非特許文献1には，Polθ遺伝子の発現が種々の癌組織において亢進しており，異常な発現が腫瘍の悪化に関与し得ることが記載されている．
しかしながら，Polθ遺伝子と免疫不全疾患との関係については，全く知られていない．
【非特許文献1】Kawamura et al., International Journal of Cancer 109: 9-16 (2004)

(3)【発明の概要】
「【発明が解決しようとする課題】」の見出しの前に，この見出しを付けます．
・【発明が解決しようとする課題】
　背景技術の問題点に対応させて，解決しようとする従来技術の課題を記載します．
(例)

【発明が解決しようとする課題】
【0007】
　遺伝子の機能解析は，種々の疾患に対する新たな作用機

序を有する医薬，または試薬の開発などにつながる．本発明は，Polθ遺伝子の機能解析により得られた知見に基づき，種々の疾患に対し新たな作用機序を有する医薬，または試薬を提供すること，並びに医薬または試薬の開発などに有用な手段を提供することを目的とする．また，本発明は，Polθ遺伝子の機能解析自体に有用な手段を提供することを目的とする．

・【課題を解決するための手段】
　結論的にいうと，請求項に記載された発明が解決手段といえるので，通常は，特許請求の範囲に記載の構成を記載します．
（例）

【課題を解決するための手段】
【0008】
　本発明者は，Polθノックアウト（KO）マウスを作製し，その形質を解析したところ，当該マウスでは，B細胞数が低下等していることを見出した．従って，Polθ遺伝子は，免疫機能に重要な役割を果たし得ると考えられる．また，Polθ遺伝子の機能を欠損する動物および細胞は，免疫疾患等の疾患に対する医薬および研究用試薬の開発，並びにPolθ遺伝子または免疫機能調節機構の解析等の研究用途などに有用であり得ると考えられる．
【0009】
　以上に基づき，本発明者は，本発明を完成するに至った．すなわち，本発明は下記の通りである：
〔1〕Polθ遺伝子の機能的欠損を含む非ヒト動物；
〔2〕トランスジェニック動物である，上記〔1〕の動物；
〔3〕B細胞数が低下している，上記〔1〕の動物；
（以下省略）

・【発明の効果】
　従来技術に比べて優れている点を，効果として記載します．

一般には多く記載する方が進歩性の主張にとって有利です．しかし，効果を多く書くこと，また強調しすぎることによって，その効果を示さないものは権利範囲外と解釈されることもあり得るので，効果の記載に当たっては，バランスを考慮する必要があります．用途と共に記載することで，効果に言及していることにもなります．下記の例は，用途の記載を多くしています．
(例)

【発明の効果】
【0010】
　本発明の動物および細胞は，免疫不全疾患のモデル動物および細胞として，並びにＰｏｌθ遺伝子および免疫機能調節機構の解析などに有用である．本発明のターゲティングベクターは，本発明の動物および動物細胞の作製などに有用である．本発明の組成物は，免疫不全疾患，自己免疫疾患，アレルギー疾患等の免疫疾患に対する医薬および研究用試薬などとして有用である．本発明のスクリーニング方法は，免疫疾患に対する医薬および研究用試薬の開発などに有用である．本発明の判定方法および診断剤は，免疫疾患の発症または発症リスクの評価などに有用である．

・【発明を実施するための形態】
「課題を解決するための手段」の項に記載した事項，作用機序，製造法，使用法等，第三者が，容易に該発明を実施することができるように，発明の実施形態を記載します．必要な場合には実施例を記載します（バイオ，化学の明細書においては，実施例は必須の記載要件です）．この項目は，例えば，下記のように記載します．
(例)

【発明を実施するための最良の形態】
【0011】
（1. 動物）

本発明は，Polθ遺伝子の機能的欠損を含む非ヒト動物を提供する．
【0012】
　本発明の動物の種は，ヒトを除く動物である限り特に限定されないが，哺乳動物および鳥類が好ましい．哺乳動物としては，例えば，マウス，ラット，ハムスター，モルモット，ウサギ等の実験動物，ブタ，ウシ，ヤギ，ウマ，ヒツジ等の家畜，イヌ，ネコ等のペット，サル，オランウータン，チンパンジー等の霊長類が挙げられる．鳥類としては，例えばニワトリが挙げられる．
【0013】
　Polθ遺伝子の機能的欠損とは，Polθ遺伝子が本来有する正常な機能が十分に発揮できない状態をいい，例えば，Polθ遺伝子が全く発現していない状態，またはPolθ遺伝子が本来有する正常な機能が発揮できない程度にその発現量が低下している状態，あるいはPolθ遺伝子産物の機能が完全に喪失した状態，またはPolθ遺伝子が本来有する正常な機能が発揮できない程度にPolθ遺伝子産物の機能が低下した状態が挙げられる．
【0015】
　本発明の動物は，Polθ遺伝子の機能的欠損に伴う種々の特徴を有する．例えば，本発明の動物は，野生型動物に比し，生体内，例えば，骨髄中のB細胞（例えば，プレB細胞，未熟B細胞，成熟B細胞）数が減少し得る．
【0016】
　本発明の動物はまた，野生型動物由来のB細胞に比し，抗原刺激に対する増殖応答性が特異的に低下したB細胞を有し得る．本明細書で使用される場合，抗原とは，B細胞に対して抗原または抗原ミミックとして作用し得る物質（例えば，外因性物質，内因性物質）を意味し，例えば，B細胞に対して抗原として作用し得る物質としては，生体高分子（例えば，ポリペプチド），微生物（例えば，細菌，真菌）などが挙げられ，B細胞に対して抗原ミミックとし

て作用し得る物質としては，抗IgM抗体などが挙げられる．B細胞の増殖応答性は，例えば，[3H]チミジンの取り込みを評価することにより測定できる．

【0017】
　本発明の動物はさらに，野生型動物由来のB細胞に比し，生存率が低下したB細胞を有し得る．B細胞の生存率の低下は，抗原刺激後のB細胞にて観察され得る．B細胞の生存率の低下は，アポトーシスの促進，分裂期（SおよびG2/M）の細胞の減少に起因し得る．B細胞の生存率は，例えば，細胞周期アッセイ，ヨウ化プロピジウム染色により測定できる．

【0018】
　一実施形態では，本発明の動物は，ゲノムDNAの改変を伴う動物，いわゆるトランスジェニック動物であり得る．本発明のトランスジェニック動物は，Polθ遺伝子欠損ヘテロ接合体，またはPolθ遺伝子欠損ホモ接合体であり得る．

【0019】
　本発明のトランスジェニック動物はまた，細胞特異的なPolθ遺伝子の機能的欠損を含む動物であり得る．このような動物としては，少なくともB細胞におけるPolθ遺伝子の機能的欠損を含むものが好ましい．かかる動物は，そのB細胞において上述した形質を示し得る．

【0020】
　本発明のトランスジェニック動物は，自体公知の方法により製造できる．先ず，本発明のトランスジェニック動物の作製に有用なキメラ動物の作製法について説明する．なお，本発明の動物は，本発明のトランスジェニック動物の作製に有用なキメラ動物をも含む．

【0021】
　本発明のキメラ動物は，例えば下記の工程（a）～（c）を含む方法により製造できる．
（a）Polθ遺伝子の機能的欠損を含む胚性幹細胞を提

> 供する工程；
> （b）該胚性幹細胞を胚に導入し，キメラ胚を得る工程；
> （c）該キメラ胚を動物に移植し，キメラ動物を得る工程；
> 【0022】
> 　上記方法の工程（a）では，Polθ遺伝子の機能的欠損を含む胚性幹細胞（ES細胞）は，例えば，後述の方法にて作製されたものを使用できる．
> （以下省略）

・【産業上の利用可能性】
　特許権は産業上利用することができる発明に対して付与されるものであるから，産業上利用することが明らかでない場合は，当該発明の産業上の利用方法等の利用可能性を記載します．但し，産業上の利用可能性が自明の場合には，記載の必要はありませんが，記載する方がよいでしょう．
（例）

> 【産業上の利用可能性】
> 【0156】
> 　本発明の動物および細胞は，免疫不全疾患のモデル動物および細胞として利用でき，また，Polθ遺伝子および免疫機能調節機構の解析などを可能とする．本発明のターゲティングベクターは，本発明の動物および動物細胞の作製などを可能とする．本発明の免疫機能調節用組成物は，免疫不全疾患，自己免疫疾患，アレルギー疾患等の免疫疾患に対する医薬および研究用試薬などとして使用できる．本発明のスクリーニング方法は，免疫疾患に対する医薬および研究用試薬の開発などを可能とする．本発明の判定方法および診断剤は，免疫疾患の発症または発症リスクの評価を可能とする．

・【図面の簡単な説明】

図面が添付されている場合には，図ごとに行を改めて，添付図面が何を表しているのかを簡潔に説明します．
（例）

【図面の簡単な説明】
【0157】
【図1】ターゲティングベクター構築のストラテジーを示す図である．略号はそれぞれ以下の通りである：Ｎｅｏ：ネオマイシンＮｅｏ／ｓ：配列番号2で示されるヌクレオチド配列からなるプライマーＮｅｏ／ａｓ：配列番号3で示されるヌクレオチド配列からなるプライマーｓ2：配列番号4で示されるヌクレオチド配列からなるプライマーａｓ2：配列番号5で示されるヌクレオチド配列からなるプライマー

・配列表
　特定数以上の塩基配列，アミノ酸配列を明細書に記載する場合には，当該配列を含む配列表を，特許法施行規則に従って記載します．
　バイオ関連出願には，配列表を記載する場合が多いですが，本件はノックアウト動物の発明ですからその必要はありません．

4）特許請求の範囲

1.【書類名】の欄
「特許請求の範囲」と記載します．

2. 特許請求の範囲の重要性
　発明の技術的範囲は，権利の及ぶ範囲がこれによって定まる点において極めて重要なものです．従って，特許を受けようとする発明を特定するために必要な最小限の構成（特定）を記載します．必要以上の構成を記載した場合には，その構成も権利範囲を特定する事項とされ，権利が狭くなることに注意を要し

ます．

　特許請求の範囲のカテゴリーとしては，①物質，②物質の製法，③その他の方法，が挙げられ，それぞれ効力の及ぶ対象が異なるので発明に応じたドラフティングを工夫する必要があります．

　本件においては，トータル40項にわたる請求項を設けて，種々のカテゴリーから，広範に権利を獲得するよう配慮して，侵害者の参入を阻止するように配慮しています．

（例）

【請求項1】
Polθ遺伝子の機能的欠損を含む非ヒト動物．
【請求項2】
トランスジェニック動物である，請求項1記載の動物．
【請求項3】
B細胞数が低下している，請求項1記載の動物．
【請求項4】
免疫不全疾患モデルである，請求項1記載の動物．

（中略）

【請求項6】
下記の工程（a）～（c）を含む，Polθ遺伝子の機能的欠損を含む非ヒトキメラ動物の製造方法：
（a）Polθ遺伝子の機能的欠損を含む胚性幹細胞を提供する工程；
（b）該胚性幹細胞を胚に導入し，キメラ胚を得る工程；
（c）該キメラ胚を動物に移植し，キメラ動物を得る工程．

（中略）

【請求項9】
Polθ遺伝子の機能的欠損を含む動物細胞.

(中略)

【請求項14】
下記の工程(a)～(c)を含む,Polθ遺伝子の機能的欠損を含む動物細胞の製造方法:
(a)Polθ遺伝子の相同組換えを誘導し得るターゲティングベクターを提供する工程;
(b)該ターゲティングベクターを動物細胞に導入する工程;
(c)該ターゲティングベクターを導入した動物細胞から,相同組換えを生じた細胞を選別する工程.

(中略)

【請求項16】
Polθ遺伝子に相同な第1のポリヌクレオチドおよび第2のポリヌクレオチド,並びに選択マーカーを含む,Polθ遺伝子の相同組換えを誘導し得るターゲティングベクター.
【請求項17】
Polθ遺伝子に相同な第1のポリヌクレオチド及び第2のポリヌクレオチド,並びに選択マーカーをベクターに挿入することを含む,Polθ遺伝子の相同組換えを誘導し得るターゲティングベクターの製造方法.
【請求項18】
Polθ遺伝子の発現または機能を調節する物質を含有している,免疫機能調節用組成物.

(中略)

【請求項27】
被験物質がPolθ遺伝子の発現または機能を調節し得るか否かを評価することを含む，
免疫機能を調節し得る物質のスクリーニング方法．

(中略)

【請求項36】
Polθ遺伝子の特定の多型が免疫機能の調節能の変化をもたらすか否かを解析する工程を含む，免疫機能の調節能の変化をもたらすPolθ遺伝子多型の同定方法．
【請求項37】
動物の生体試料を用いてPolθ遺伝子の発現量を測定することを含む，動物における免疫疾患の発症または発症リスクの判定方法．
【請求項38】
Polθ遺伝子の発現量の測定用試薬を含む，免疫疾患の発症または発症リスクの診断剤．
【請求項39】
動物の生体試料を用いてPolθ遺伝子の多型を測定することを含む，動物における免疫疾患の発症リスクの判定方法．
【請求項40】
Polθ遺伝子の多型の測定用試薬を含む，免疫疾患の発症リスクの診断剤．

33 明細書の記載に関する判決事例

- ❖ 特許請求の範囲をどのように記載すべきかというドラフティングについての重要性を判決事例で見てみよう．
- ❖ 特許請求の範囲のドラフティングにおいては，あらゆる態様を考慮して侵害者の参入を防止すべき．

1）アシクロビル事件

（東京地裁平成13年1月18日判（ワ）27944号）・東京高裁平成13年11月29日判（ネ）959号）

　本事件は，種々のカテゴリーの特許請求の範囲を設けることを怠ったがために，先発医薬メーカーがジェネリック（後発）医薬を排除できなかった事例です．

　特許権者から，いったん販売された特許製品は，特許権は消尽し，何人でもその特許製品を使用，販売などをすることができます．本件は消尽について争われた数少ないケースです．

事件の概要

原告：アシクロビル（化合物）の特許権者です．
被告：原告のアシクロビル錠剤（これには製剤化に必要な拭形剤，崩壊剤，結合剤などを含む）を購入し，該錠剤からアシクロビルを抽出，精製し，これを用いて再び被告独自の錠剤を製造販売した業者です．

　本事件において，原告は，被告が製造販売した上記の錠剤が

key word

アシクロビル：
ウィルス（特にヘルペスウィルス）感染症の治療薬となる化合物．グラクソ・スミスクラインの製品が先発薬である．

特許権を侵害するとして，損害賠償を請求しました．

被告の行為は，採算が合わないので通常は行わないのですが，本件では原告のアシクロビルの物質特許が存在している間にジェネリック医薬品の承認を得てしまったために，厚生労働省が要求する承認後一定期間内の販売義務を履行するためにやむなく行った行為です．

判決

被控訴人（被告）が，原告錠剤からアシクロビルを抽出，精製，再結晶させた行為が，控訴人（原告）が販売した製剤に含まれるアシクロビルを単に使用し譲渡する行為とみられる限り，特許権の効力は消尽しているため，原告の行為は特許権の効力は及ばない．特許権の効力がおよぶのは被告の行為が，本件特許発明の対象であるアシクロビルを生産した場合である．

しかし，被告錠剤に含まれるアシクロビルは，原告錠剤に含まれるアシクロビルそのものであって，アシクロビルについて何らかの化学反応が生じたり，何らかの化学反応によりアシクロビルが新たに生産されたものではないのであるから，被告の行為ついてみると，本件特許発の実施対象であるアシクロビルを新たに生産したものではない．

従って，特許権の効力は及ばない．

2）アシクロビル事件の教示

本事件は，「何に特許が付与されているのか」ということが焦点です．

原告は活性成分であるアシクロビルについては特許を取得していましたが，アシクロビルを含む製剤（錠剤）については特許を取得していなかったのです．被告は特許権の消尽したアシクロビルを使用したので，特許権の効力は及ばず，またそのアシクロビルを使用して錠剤を製造することについては，原告は特許を取得していなかったので（特許請求の範囲として記載していなかったので），その行為は特許権とは無関係ということになります．

もし，原告が「アシクロビルを含有する製剤」を特許請求の範囲に記載しておれば，原告錠剤から得たアシクロビルを使用して，例えば添加剤の違う，また成分純度の違う錠剤を製造する行為をなしており，「アシクロビルを含有する製剤」という当該特許権を侵害することになります．

　本件は，特許請求の範囲をいかに記載すべきか，というドラフティングがいかに重要であるかについての教訓を与えていると言えます．

コラム｜消尽論とは

　例えば特許製品について，一度これを製造販売して特許権を行使することによって，その特許製品については目的を達成し尽しており，その製品に対して再度特許権を行使することは出来ないという理論です．

　特許権者は，独占，排他的に特許に関わる製品などを製造，販売，使用する権利を専有することができます．これを文字どおりに解釈すると，例えば特許権者から購入した製品を使用する場合，転売する場合などが全て特許権の侵害になります．例えば，卸業者から小売業者に，小売業者から消費者に商品を転売することが特許権の侵害になるという不合理が生じます．このような不合理を解消するための理論です．

　最近の例では，インクカートリッジのリサイクル製品のような場合にこの消尽が適用されるかどうかメーカーとリサイクル業者の間で争いが起こっています．このように特許を含む中古部品や原料を組み込んだ場合は，消尽が問題になるケースが生じることは想定されますが，医薬品などの場合は，本文のアシクロビル事件は稀なケースといえるでしょう．

6章 バイオ特許の特徴と特有の問題点

34 バイオ特許の特徴と特有の問題点

- ❖ 製薬業界を中心としたバイオ分野においては，昨今，バイオテクノロジーを駆使して新薬を開発することが盛ん．
- ❖ バイオ関連特許の対象は，最終製品には直接関与しないリサーチツール特許，最終製品に直接関与する特許，それらに関連する物質・ノウハウ等．
- ❖ リサーチツール特許およびそれに伴うリーチスルーライセンスはバイオベンチャー・大学等が中心．
- ❖ 最終製品自体に直接関与する特許はバイオベンチャー・大学から大企業までさまざまである．

key word

リサーチツール特許：バイオテクノロジー分野において研究を行うためのツール（道具）として使用される物（遺伝子，蛋白質，抗体など）または方法（測定方法，スクリーニング方法など）に関する特許．

key word

MASS：質量分析法（Mass Spectrometry）のこと．イオン化した試料を静電力によって装置内を飛行させることで質量電荷比を求める分析法で，既知物質の同定や未知物質の構造決定に利用される．

1) リサーチツール特許とリーチスルーライセンスについて

(a) リサーチツールに関する確たる法律上の定義は存在しませんが，それぞれの状況に応じて，以下，2つの例により実質的に定義付けることは可能です．

2004年11月に公表された経済産業大臣の諮問機関である産業構造審議会・知的財産戦略WG報告書「特許発明の円滑な使用に係る諸問題について」において，『大学や企業を問わず，科学者が実験室内で使うあらゆる資源，例：材料（マテリアル）・機器・方法・データベース・ソフトウェア等』と定義されています．具体的な例として，遺伝子（DNA），蛋白質，抗体，測定方法，スクリーニング方法，MASS，分光光度計，ゲノム塩基配列データベース，蛋白質立体構造解析ソフト，バー

> **key word**
>
> **PCR：**
> ポリメラーゼ連鎖反応（Polymerase Chain Reaction）により特定のDNA断片だけを選択的に増幅させる方法．増幅に要する時間が2時間程度と短く，全自動の卓上装置で増幅できることから，ゲノム科学，分子遺伝学，生理学・分類学，医療や犯罪捜査などさまざまな分野で利用されている．

チャルスクリーニングソフトなどが，また具体的な特許例として，PCR 法特許，コーエンボイヤー遺伝子組替え技術の基本特許があげられています．このリサーチツールの定義では，机・パソコンをはじめ，製品化研究段階の試作品や部品までもが含まれるので，最も広義な定義といえます．

2006 年 1 月 16 日，日本製薬工業協会は日米欧の有識者を招聘して知財フォーラムを開催し，「リサーチツール特許は，医薬の研究開発の発展を阻害することのなきよう，権利者と利用者のバランスを考慮した合理的な条件で非独占的に広くライセンスされるべきである」との理念のもとに，業界団体としては世界に先駆けて，リサーチツール特許に関するガイドラインを公表しました．

すなわち，リサーチツール特許は，その定義に多少の幅があるにせよ，①研究開発過程においてツールとしてのみ使用される特許であり，②最終製品（医薬）として用いられる場合あるいは最終製品（医薬）の製造等に用いられる場合は適用されない，と解釈されます．

(b) 一方，リーチスルーライセンス契約（RTLA = Reach-Through-License Agreements）とは，研究開発過程においてリサーチツールとしてのみ使用される特許ではあるが，その権利が最終製品にまで適用されるとの考え方で，最終製品の売上高に応じたロイヤルティ契約をすることです．

> **key word**
>
> **リーチスルーライセンス契約（Reach-Through-License Agreements）：**
> リサーチツール特許の権利が最終製品にまで適用するとの考え方で，最終製品の売上高に応じてライセンス料（ロイヤルティ）をとる契約であり，特許権者にとっては大きな利益を払うものであるが，利用者にとっては大きな制約，費用負担となりうる．

特許法上，最終製品にまでは権利が及ばないとの米国判決（後述 197 頁の Bayer v.Housey 事件）がありますが，ライセンス交渉において，独禁法に抵触しない形で，契約条件としてリーチスルーライセンスを締結することは何ら問題ではありません．ベンチャーあるいは大学等との交渉においては，このリーチスルーライセンスを要求してくることがあるので企業側としては予め十分注意する必要があります．逆にベンチャーあるいは大学側としては，企業側との交渉においてリーチスルーライセンスが川下の製品の売上げ等に及ぼす権利について独禁法に抵触しない範囲はどこまでかを検討する必要があります．

2) バイオ関連特許について

バイオ関連産業，主として医薬品産業は，①シードの発見・リードの創製が極めて困難である，②研究開発に長期間を要する，③莫大な研究開発費の先行投資が必要である，④製品として上市できる成功確率が極めて低い，などの特徴を有します．

通常，数万分の1くらいの割合で候補化合物が選定され，平均15年以上の研究開発期間と1,000億円程度の先行投資が行われ，その候補化合物が前臨床から臨床試験を経て製造承認を受けて最終的に上市される確率は最近では10分の1程度です．この間，研究開発段階においては数多くのリサーチツール特許が，製品段階においては物質・製法・製剤・用途などの重要な特許が，また，販売段階おいてはライフサイクルマネジメントに関する特許が，さらに製品自体あるいはノウハウも含めて，それぞれの特許が係わってきます．ライフサイクルマネジメント特許（LCM特許）とは，物質特許が切れた後の対策として，製剤，結晶形，光学活性体，製剤，用途などの特許を取得し，後発品の参入を防ぐことがあります．すなわち，当該製品のライフサイクルを如何に長く最適化していくかが課題となります．特にバイオ企業あるいはバイオ製品には限定されませんが，バイオ企業が上記のLCM特許を保有していることはよくあります．

> **key word**
>
> **ライフサイクルマネジメント（LCM）特許：**
> 主にバイオ分野において，物質特許の期限が切れた後に一気に独占排他権が失われることのないよう，製品の構造や製法等についてさまざまな特許によって後発品の市場参入を防止しようとする戦略に基づく特許のこと．

3) バイオに関するライセンス契約の特徴と注意点

他産業と相違して，リサーチツール特許から最終製品の特許まで幅広い特許が存在する一方，数少ない特許によって製品が保護されています．バイオ関連特許に特有なライセンス契約の特徴と注意点を挙げると次のようになります．

医薬品産業を中心としたバイオ関連産業における研究開発の現況から，最終製品に直接関与する特許であろうと，最終製品には直接関与しないリサーチツール特許であろうと，特許法上，特許権に差止請求権が存在するかぎり，ライセンス契約においては権利者側が極めて強い立場であることは否定できません．

特に，リサーチツール特許は，一般的に，汎用性が高く代替性に乏しい基本技術に関する特許であり，幅広い範囲の強力な特許の場合，後続や下流の研究開発活動を阻害・拘束するなど，大きな影響を与えかねません．例えば，遺伝子特許については，物質特許であり特許を回避すること自体が困難である，あるいは非常に似た技術が錯綜していて複数のライセンス取得の必要があるなど，契約条件において支払額が高騰したり，ライセンスの上積みが必要になる場合があります．

米国においては，特許について「記載要件等から無効」あるいは「非侵害」などの鑑定を取得しても，一旦訴訟を提起されれば膨大な費用になることが見込まれるので訴訟になることを回避する目的から安全サイドの保険としてライセンスを取得する場合が多いのです．しかし，ライセンス交渉の際に，特許権者側は，ライセンス許諾を拒否したり，拒否に等しい高額なロイヤルティー支払いを要求したり，あるいはリーチスルーライセンスを求めてくる場合があります．

また，自己複製可能な生物関連試料に係わるマテリアルトランスファー契約（Material Transfer Agreement（MTA）），については，化学物質とは異なり，どのような制限を設けるのがよいのか，特に注意する必要があります．

さらに，有力な特許・開発品を有するベンチャーなどは，いつ大手製薬企業に買収されるか判らないため，そのようなリスクをも想定した契約を締結しておく必要があります．

4）リサーチツール特許及びリーチスルーライセンスに関するいくつかの判例

（a）アンティキャンサー社事件（東京高判平成14年10月10日判タ1119号215頁）

実験モデル動物（ヌードマウス）の使用に関して，日本で初めて起きたリサーチツール特許の権利侵害訴訟事件です．実験資料を提供した製薬会社が共同不法行為で訴えられた点，国立大学における研究行為が侵害行為として訴えられた点に特徴があります．リサーチツール特許が大学等の研究活動を阻害する

> **key word**
> マテリアルトランスファー契約：
> 従来は研究試料（試薬，試料，実験動物，化学物質，菌株等）は科学の発展のために研究者間で自由に交換されていたが，近年産業化を目指した研究がより必要とされる中で，ライセンス契約に基づいて移転しようとするもの．

可能性があることを注意喚起した事例でしたが，裁判所は差止請求を棄却し，特許法 69 条試験研究の免責の規定に関して何ら判断されませんでした．

(b) デューク大学事件 (Mady v. Duke Univ., 307 F. 3d 1351,1362 (Fed.Cir.2002))

原告が Duke 大学に勤務していた時，自らの特許発明に係る装置を大学に設置して研究を行なっていました．大学が原告の退職後も同装置を使用し続けていた件につき，原告が差止を請求しました．判決では，大学における研究活動といえども正当な事業行為であるから特許権の侵害にあたる，と判示されました．(「26. 特許出願　key word　デューク (Duke) 大学判決」参照)

(c) RGD ペプチド事件 (Integra Lifesciences v. Merck KGaA,331 F.3d 860 (Fed.Cir.2003)) および 421 F.3d 1289 (Fed.Cir.2005)

Merck 社が RGD ペプチド誘導体（医薬品）の開発にあたり，Integra 社の特許 RGD ペプチドを評価系に用いた行為を巡る争いであり，米国特許法 271 条 (e)(1)（医薬品等の許認可等のため米国食品医薬品局 (FDA) へ情報提供するための試験研究の免責規定）を根拠法律として最高裁まで争われました．地裁では侵害を認定し（損害賠償），連邦巡回控訴裁判所 (CAFC) でも侵害と判断しました（損害額の再算定）．しかしながら最高裁は，CAFC の決定を破棄して再審理を指示しました．免責範囲については，予備的な段階の試験にも適用できるとはしましたが，リサーチツール問題については何ら触れていません．

(d) Housey 社のリーチスルーライセンスについて (Bayer AG v. Housey Pharm. Inc. 340 F.3d 1367 (Fed.Cir.2003))

動物細胞系スクリーニング特許に関するもので，Housey 社の強引なライセンス取引強要もあって，日本企業を含め多くの医薬品関連企業がライセンス契約を締結しました（日本でも複数の企業がライセンスを受けました）．Bayer v. Housey 事件の非侵害確認訴訟 (Delaware 地裁及び CAFC) において，

key word

FDA：
米国において食品，医薬品，化粧品，医療機器，玩具などについて許可や取締りを行う政府機関．

key word

連邦巡回控訴裁判所：
従来，広い米国では特許侵害事件などについて各州で判断が分かれることも多く，また，各地方では専門の人材が十分でなかった．このため，1982 年連邦ベースで解釈を統一し法的安全性を図ることにした．

「スクリーニング法特許は最終医薬品製造の製造方法（米国特許法271条（g））とは異なる」との判例が確立しました．

5) バイオ特許に関するいくつかの代表的なライセンス事例

(a) Cohen-Boyer 特許（スタンフォード大学）

ＤＮＡ組換え技術の基本特許（1997年に満了）について，非独占の緩やかなライセンス条件（1万ドル/年，0.5～3％の低ロイヤルティ率）により，バイオテクノロジー技術が飛躍的に発展加速された典型的な事例です．総計467社に許諾され，総額2億ドル以上の特許料収入があったと言われています．

(b) Kohler-Milstein, (Nature 256号（1975年）P485)

細胞融合に関する基本技術の発明，学問の発展に活用して貰いたいとの願いから，研究者自らが特許を取得しないことを宣言しました．先の特許と併せて，バイオテクノロジーを飛躍的に発展加速された典型的な発明です．

(c) PCR 特許（ロッシュ社）

Cohen-Boyer 特許とは対照的に，当初，特許権者がライセンス条件を厳しく設定したため，種々の問題が生じた典型的な事例です．遺伝子増幅手段についての，非常に汎用性の高い技術に関する特許であり，一時金10～50万ドルかつロイヤルティ15％という例もありました．大学等からも自由な研究を阻害しているとの批判が高まり，現在は Applied Biosystems 社が独占的通常実施権を取得し，対価は製品に含められたため，同社製品を購入使用すれば対価支払いが自動的に済まされる形になっています．

(d) Onco Mouse 特許（ハーバード大学）

独占的実施権を取得した Du Pont 社が大学等の非営利団体にまで権利行使を主張したため，ライセンスに関して米国国立衛生研究所（NIH）が介入するに至りました．NIHの意向と Du Pont 社のビジネスチャンスとを両立させるかたちのライセンス条件で合意されました．特に，非営利目的の研究に対してはライセンス不要との条項を入れた点が画期的です．

---

key word

NIH：
米国政府機関であり，医科学分野の米国最大，世界最大の米国国立衛生研究所．ヒトゲノム解読結果に基づいたガンなどの診断・治療法やさまざまな病気の免疫学的治療法に加え最近はバイオテロ対策の研究も行われている．

(e) Myriad 社の乳癌遺伝子 BRCA1/2 診断問題

　遺伝子情報等の独占により末端価格が高騰した事例です．Myriad 社の独占的診断ビジネス（乳癌の遺伝子診断）に対して，高額の検査料が必要となったため，遺伝子診断については特許権を適用すべきではないとの議論まで起こりました．

35 医療行為と特許

❖ 医療技術と医療機器の分野において日本が米欧に比べて遅れている原因として，特許保護の範囲が日本は狭いことがあげられる．

key word

知的財産推進計画：
2003年7月8日に策定・発表された政府（担当：内閣官房知的財産戦略本部）の知的財産推進計画では，特に重要な3つの政策課題については，それぞれの有識者で構成される専門調査会，医療関連行為の特許保護の在り方に関する専門調査会，コンテンツ専門調査会，および権利保護基盤の強化に関する専門調査会が設置された．

key word

産業上の利用可能性（あるいは産業有用性）：
新規性，進歩性と並ぶ特許要件の一つである．米欧では特許法上，医療関連行為に産業上の利用可能性を認めているが，日本の特許法の運用基準としては人間を手術・治療または診断する方法は産業有用性を有さないとされ，特許の保護が与えられない現状がある．

　医療関連行為の特許保護の在り方について政府の知的財産戦略本部の専門調査会が設置された背景には，高度先端医療の現状を鑑みると，特に医療技術と医療機器の分野において，米国がトップ水準にあるのに対して，日本は著しく低い状況にあるということがあります．この要因は，種々あると考えられますが，その主たる要因の1つとして，特許保護の範囲に差があるのではないか，と考えられます．米国では特許保護範囲に制限はなく，企業の協力・参加が得られ，医工・産学連携が推進されて，実用化・普及化がスピーディに行われ，高度先端医療が産業として発達し，国民が高度先端医療の恩恵を享受できています．それに対して，日本では特許保護の範囲に制限があり，企業の協力・参加が得られにくく，医工・産学連携が進まず，実用化・普及化が促進されず，高度先端医療が停滞しがちで，国民が高度先端医療の恩恵を享受できていないのではないか，という議論があります．

　発明は，本来，産業上の利用可能性（あるいは産業有用性）を含めて，特許要件を充足していれば産業分野に区別なく特許が与えられるべきであり，「物」または「方法」として多面的に保護されるのが世界的な原則です（「28. 特許性の基準」参

照).医薬あるいは機器の使用方法に関する発明は「治療方法」の発明あるいは「物の使用方法」の発明であり,まさに「方法」発明の1つです.

しかしながら,日本における医療関連行為に関する発明の取扱いは,現在,「「物の使用方法」の発明の取り扱い」の基準に基づき,医療以外の分野では保護の対象とされている「方法」が,医療の分野では保護の対象になっていません.その根拠は,「治療方法」の発明あるいは「物の使用方法」の発明は「人間を手術,治療又は診断する方法」に該当するとして,医療分野のみ,例外的に,特許の保護対象から除外されています.

米国で特許が成立しているいくつかの事例を以下に紹介します.

事例1:米国で特許が成立している治療方法の例(インターフェロンとリバビリンの併用)〈米国特許6,299,872〉
【発明の内容】
インターフェロン α とリバビリンを併用投与することに特徴のあるC型肝炎の治療方法
【請求の範囲】
1. C型肝炎感染の患者に対して,インターフェロン α とリバビリンを組み合わせてC型肝炎を治療する方法であって,投与されるインターフェロン α の量が週あたり3百万IU未満である方法.治療方法の発明は日本では特許されていません.

事例2:米国で特許が成立している治療方法の例(タキソール)〈米国特許6,414,014〉
【発明の内容】
タキソールの投与形態を改良することにより副作用を回避することに特徴のある癌の治療方法
【請求の範囲】
1. タキソール応答性腫瘍の血液学的毒性を軽減しつつ抗腫

> **key word**
>
> **タキソール：**
> タキソノイドと呼ばれる天然物質（イチイの木の樹皮に含まれる）から抽出，合成した成分であり，乳ガン，肺ガン，卵巣ガン等の抗ガン剤に使用されている．

瘍効果をもたらす該腫瘍患者の治療方法であって，(a) 該患者には，瘍の過敏症反応を抑えるために，(a1) タキソール投与の約 12 時間前及び 6 時間前に効果的な量のデキサメタゾンを経口投与する前投与を行い，(a2) 更にデキサメタゾン投与後タキソール投与前に，効果的な量の (i) 抗ヒスタミンと (ii) シメチジンまたはラニチジンを静脈内投与し，(b) タキソールは約 175mg/m2 を約 3 時間にわたり投与する．治療方法の発明は日本では特許されていません．

下記に，産業界として問題視している日米欧における医薬特許に関する主たる相違点の概略，ならびに特許庁プレゼンテーション資料を併せて示します．

[表 35.1] 医薬関連発明の特許保護の現状

発明の種類		発明の内容	特許保護 日本	特許保護 米国
物質		化合物 A	○	○
製法		化合物 A と原料化合物 B から製造する方法	○	○
製剤		化合物 A と添加剤 C を含有する医薬組成物	○	○
用途		新しい適応症 化合物 A を含有する糖尿病治療薬（日本） 化合物 A を用いて糖尿病を治療する方法（米国）	○	○
使用方法	1つの医薬	（投薬方法） 投与量，投与スケジュール，投与部位，投与剤型などを全く新しい形に変更することにより優れた効果を発揮する方法	×	○
	複数の医薬	（併用方法）複数の医薬を組み合わせて使用する方法 化合物 A と化合物 B の合剤は可，合剤以外は不可（日本） 化合物 A と化合物 α を用いて糖尿病を治療する方法（米国）	△	○
		（併用投与方法）複数の医薬を別々に投与する方法 投与量，投与スケジュール，投与部位，投与剤型などを全く新しい形に変更することにより優れた効果を発揮する方法	×	○

[表 35.2] 現在の特許保護の状況について（医薬）

	日	欧 現行	欧 改正条約発効後	米
○物質 　「化合物 A」	○	○	○	○
○医薬（第一医薬用途） 　「化合物 A を有効成分として含有する医薬」	○	○	○	×（注3）
○医薬（第二医薬用途） 　「化合物 A を有効成分として含有する胃癌治療用医薬」	○	△（注2）	○	×（注3）
○剤型（医薬の投与形態） 　「胃酸の pH に応じて構造変化する担体 X に，有効成分である化合物 A を包摂させた胃癌治療用の徐放性医薬製剤」	○	○	○	○
○組合せ（配合剤・組成物，キット，組合せ物）				
・「化合物 A と化合物 B を組み合わせてなる胃癌治療用配合剤」	△	○	○	○
・「化合物 A と化合物 B を組み合わせてなる胃癌治療用医薬組成物」	△（注1）	○	○	○
・「化合物 A を含有する医薬と，化合物 B を含有する医薬を組み合わせてなる胃癌治療用キット」	△	○	○	○
・「化合物 A と化合物 B を組み合わせてなる胃癌治療用の組合せ物」	△	○	○	○
○投与間隔・投与量				
・「胃癌治療のために，約 100mg/m² の化合物 A を含有する医薬を約 3 時間に渡り投与する薬剤」	×	×	×	×（注3）
・「化合物 A と化合物 B を組み合わせてなる胃癌治療用医薬組成物」 　　約 200mg/m² の化合物 A を含有する医薬を投与し，その 6 時間後に，約 150mg/m² の化合物 B を含有する医薬を約 2 時間に渡り投与する，化合物 A と化合物 B を含有する胃癌治療用医薬組成物」	×	×	×	×

方法

	日	欧 現行	欧 改正条約発効後	米
○医薬の使用方法（第一医薬用途，第二医薬用途）				
・「化合物 A を医薬として使用する方法」	×	×	×	○
・「化合物 A を医薬と胃癌治療に使用する方法」	×	×	×	○
○医薬の使用方法（医薬の投与形態） 　胃癌治療のため，意の内部で胃酸の pH に応じて担体 X が構造変化し，製剤中から化合物 A を徐放あせるように，化合物 A を含有する徐放性製剤を使用する方法」	×	×	×	○
○医薬の使用方法（2 以上の医薬を一緒に又は別々に使用する方法） 　「化合物 A を含有する医薬と化合物 B を含有する医薬を組み合わせて胃癌治療に使用する方法」	×	×	×	○
○医薬の使用方法（投与間隔，投与量）				
・「胃癌治療のため約，100mg/m² の化合物 A を含有する医薬を約 3 時間に渡り投与するように使用する方法」	×	×	×	○
・「胃癌治療のため約，200mg/m² の化合物 A を含有する医薬を投与し，その約 6 時間後に，約 150mg/m² の化合物 B を含有する医薬を約 2 時間に渡り投与するように使用する方法」	×	×	×	○
○医薬による治療方法				
・「化合物 A を含有する医薬を胃癌患者に投与して胃癌を治療する方法」	×	×	×	○（注4）

注1　・特許庁の審査実務では特許対象となり得るとされているが，その事実は公表されていない（審査基準上に明記されていない）．
　　　・個々の化合物を別々に使用する場合にも権利が及ぶか否か法律的に明確でない．
　　　・組合せ物について特許になっている例はあるが，製薬業界においては組合せ物の用語及び概念は認識されていない．
注2　スイス型クレーム「〜を製造するための化合物 A の使用」で特許保護される．
注3　米国では，用途発明は物の発明ではなく，方法の発明として特許保護される．
注4　米国では，実質的には医薬の使用方法は特許されるが，一般的にはより広い概念の治療方法で権利取得される．

実務上の定義
・配合剤・組成物
　複数の有効成分が混合された医薬
・キット
　複数の別個の医薬を一式にしたもの
・組合せ物
　配合剤，組成物，キットなどを総称する表現であり，技術用語として確立されたものではない．

一方，先端4技術分野のひとつであるライフサイエンス，その中でも重要な位置付けにある医薬品産業は，世界的な M&A の中で，生き残りをかけた熾烈な戦いを展開しています．新薬の研究開発競争に加えて，グローバルな観点から，欧米企業と同様に医薬の高度な使用方法の開発にも注力していかなければなりません．医薬の高度な使用方法の発明に注力されている傾向をみれば，医薬品産業分野にもハードからソフトへの産業の流れが波及してきていることが理解されます．しかしながら，米国に比して，日本では競争する環境そのものが整備されていないのが現状であり，国際競争に堪え得る環境整備が必須にして急務の課題です．特許保護の対象範囲を米国と同様にして同じ土俵で対等に戦える環境整備を強く要望するために，2008年に日本製薬工業協会加盟の上位15社にアンケート調査を実施しました．下記にその結果の概要をまとめます．

1. 製薬企業における治療方法の開発状況
　　・治療方法の発明に関する米国特許出願件数；　　　83件
　　・上記特許出願に係る製品，開発品，開発候補品の数：
　　　　　製品　　　　　　　　　　　　　　　　6件
　　　　　開発品　　　　　　　　　　　　　　14件
　　　　　開発候補品　　　　　　　　　　　　77件
2. 治療方法の特許化に対する製薬企業としてのニーズ
　　　　　要望する企業　　　　　　　　　　　15社
　　　　　要望しない企業　　　　　　　　　　 0社
3. 特許化を要望する発明の具体な事例
　　・投与形態の改良による薬物療法
　　　1）投与量の工夫
　　　2）投与間隔の工夫
　　・薬物療法と薬物療法との組み合わせ
　　・DDS（Drug Delivery System；薬物送達システム）
　　・遺伝子治療，再生医療等と薬物療法との組み合わせ

21世紀における医薬品産業は，技術創造立国すなわち知的財産立国の担い手のひとつであると同時に，国民の健康福祉に直結するものであり，国家戦略すなわち産業政策としての将来像を真剣に考えていかなければならない産業です（フランス，中国，インドなどはそのような産業政策を明確な国家戦略として位置付けています）．他方，医師の治療行為と特許権との係わり合いについては，医療関連行為の全てが特許対象になった場合，医療行為に当たる医師が特許侵害の責任を追及されたり，国民の治療を受ける権利が阻害される恐れが懸念されるので，医師の治療手段選択の自由度確保と国民の治療を受ける権利確保が極めて重要になります．したがって，医師の治療行為は除外・免責－医師による医療行為には特許権の効力は及ばない，とするのが至当です．現在の法律では，医師の治療行為を除外・免責する規定がないために，医師が特許侵害を追及されるリスクがあり，立法化されていないこと自体が問題です．

　内閣官房の知的財産戦略本部において医療関連行為の特許保護の在り方に関する専門調査会は，合計11回の会合が開催され，特許保護の必要性やそれに対する懸念と対応，それらを踏まえた特許保護の在り方や懸念への対応の考え方について幅広く検討を行いました．

要約すれば，

・「医療」の特質から考えて，医師の行為に係わる技術を特許対象とすることについては慎重な配慮が必要であり直ちに結論が出せない．

・特に必要な分野は，医療機器・医薬に密接に関連する分野のみに限られる．

・医療関連行為を産業であると認めようとすると，委員全員の一致が得られない．

　すなわち，合意に至る可能性が失われることを避けるために妥協された苦肉の対応案にとどまっています．なお，参考までに，本専門調査会で検討された案を，次にまとめて記載します．

[表 35.3] 第10回内閣官房知的財産戦略本部医療関連行為の特許保護の在り方に関する専門調査会での議論（医薬）とパブリックコメント

〈案1〉特許保護を拡大	〈案2〉欧州並みに拡充	〈案3〉現状どおり
複数の医薬の組合せや投与間隔・投与量に特徴がある「医薬の製造・販売のために医薬の新しい効能・効果を発現させる方法」を特許の対象とすべきである．	方法の特許はどう表現しようと医師の行為と区別し難いので，上記のような技術も物の特許として保護すべきである．	医療関連行為の特許保護のあり方を検討するには，ますやむなく医療を受ける患者に対して悪影響を及ぼさないように十分配慮することが不可欠である．特許は独占，排他そして活用の面があり，独占と排他による医療への弊害について特に社会倫理の観点から十分に検討すべきであるが，今回は十分検討がなされていない．
製薬業界（秋元委員）等		日本医師会

　結局，第11回専門調査会において下記の「とりまとめ（結論）」がまとめられました．
I．医行為以外の医療関連行為について
　　1）医薬
　　　・「医薬の製造・販売のために医薬の新しい効能・効果を発現させる方法」を物の特許による保護の拡大を審査基準で明確化する！
　　　・関係当局において，方法の特許として保護する可能性を追求する！
　　2）医療機器
　　　・「医療機器の作動方法」全体を特許保護の対象とする！

　以上のように医者の行為以外の医療関連行為について，特許権を認める方向性が示され，まずは，物の特許による保護についての検討が重視された結果になりました．ただし，物の発明と方法の発明とではその対象範囲や効力が異なり，物の発明だけで保護することには限界があるため，これらの技術を発明の本旨に従い方法の特許として保護することについて，関係当局

においてその可能性を追求する努力を続ける必要があると指摘されています．

さらに，近年世界的に注目されている京都大学の山中伸也教授のiPS細胞研究を中心とした先端技術を如何に保護すべきかという観点から，2008年度に，高度な医療行為および高度な医薬の使用方法などについて，内閣府の委員会で検討されました．しかしながら，医薬の使用方法についてはスイス型という特殊なクレーム形式で使用方法が認められたものの，医療行為そのものに特許権を与える検討は見送られたという結果になっています．

> **key word**
>
> **スイス型（クレーム）：**
> もともとは欧州特許条約において認められ，その後日本の特許庁の審査基準の解釈として認められると考えられるもの．すなわち「疾病A治療のための化合物Bの使用」という特許出願における請求範囲（クレーム）は，日本の特許法では「治療方法」となり，産業上有用性がないとして認められなくなるが，「疾病Aの治療剤製造のための化合物Bの使用」という構成なら認められうるというもの．

Q&A

Q1：医療行為自体が産業であるのか，また，今後，医療関連行為に関して，特許を与えるべきか．

医療関連行為が産業であるか否かについて，米欧の考え方はいずれも産業として認識しています．米国では従来から産業として解釈されており，欧州では，最近，産業として解釈するように変更されました．一方，日本の現状は，特許法の運用基準上，産業として認められていませんが，東京高裁の判決において，この解釈は変更されるべきであると判示しています．以下，日米欧について概説します．

我が国では，従来，人間を手術，治療又は診断する方法は，特許法29条における「産業上利用することができる発明」に該当しないと解釈することにより特許の対象とはされていません．これは，医療は産業ではないという実務上の解釈や人道上の問題への配慮と解されてきたことによります．このため，手術，治療，診断方法のような医師の行為に係る技術のみならず，医療機器・医薬に関連する方法の技術についても，すべて一様に「人間を手術，治療又は診断する方法」ととらえ特許の対象とはならないとされてきました．

すなわち，特許・実用新案審査基準（特許庁編）第Ⅱ部第1章では，「人間を手術，治療又は診断する方法」は産業上利用することができる発明に該当しないとされています．しかしな

がら，近年，この法解釈に疑義があるとする説があります（相澤英孝『バイオテクノロジーと特許法』（弘文堂），中山信弘『工業所有権法（上）特許法 第2版増補版』（弘文堂）などが，また，「医療行為自体に係る技術についても産業上利用することのできる発明に該当するものとして特許性を認めるべきであり，法解釈上，これを除外すべき理由を見いだすことはできない，とする立場には，傾聴に値するものがある」と指摘した東京高裁の判決）．

米国では，1952年の特許法改正以来，広く医療分野に係る方法全般が特許の対象とされており，数多くの医療方法特許が成立しています．また1996年には，1993年のパリン事件を契機として特許法が改正され，医療方法特許を存続させた上で，医師等による医療行為には原則として特許権を行使することができない旨の規定が導入されました．

欧州では，1973年に欧州特許条約が締結され，手術又は治療による人間又は動物の処置方法及び人体又は動物になされる診断方法は特許の対象とならない旨が条約上規定されています．これは社会倫理や公衆の健康の観点への配慮と解されています．このため，手術，治療，診断方法は特許の対象とはされていません．但し，例外的に，条約の運用において，診断方法（①データ収集段階，②比較段階，③医療決定段階の3段階で構成される．）のうち，①と②の段階に留まるものは診断方法には該当しないものと解釈し，特許の対象とされています．なお，2000年の欧州特許条約の改正に際し，医療方法特許の導入についても検討されましたが，公衆の健康の観点に配慮すべきとする従来の考えを維持すべきとの意見もあり，合意に至らなかったという経緯があります．なお，医療方法を特許の対象としない条約上の根拠について，「産業上利用することができる発明とみなさない」という規定から，「（産業ではあるが）特許対象から除外する」という規定に改めました．

一方，WTOのTRIPS協定では，加盟国は，「人又は動物の処置のための診断方法，治療方法及び外科的方法」は特許の対象から除外できると規定しており，除外するかどうかは各国の

> **key word**
>
> **米国の医療方法特許：**
> 米国においては治療行為や治療方法についても特許を認めることとし，他方特許権の効力は医師の医学的，外科的処理には及ばないとする免責協定がおかれている．本文中のパリン事件は白内障の手術方法の特許取得者がパリン医師を特許侵害で訴えた事件であり，医師の行為への免責を法改正で明確にする契機となった．

判断に委ねられています．

このように，国際的なコンセンサスならびに日本の司法では産業であるとするのが一般的な解釈であり，また政府内部でもこの方針を採用しようとしている意見も漏れ聞いており，従来の解釈を変更しようとする機運が醸成されつつあります．

医療関連行為の特許保護に関しては，先の専門調査会においても多面的に検討が行われ，最終的には医薬の製造・販売のための医薬の新しい効能・効果を発現させる方法について物質の特許として保護することになりましたが，物質の特許による保護には一定の限界が存在します．本調査会の当初の検討対象に，いま一度立ち返り，早急に検討を再開し，発明の本質である方法の特許による保護を認めていくべきでしょう．特に，遺伝子治療，再生医療などの高度先端医療は，一日も早く国民が享受できるように，産業界の協力・参入が必須であり，医師の行為を除外・免責したうえで，医療関連行為に対する特許保護の対象範囲を，発明に本質に基づき，米国なみに「方法」にまで拡大することについて，再度，早急に検討課題として取り上げることが必要です．即ち，審査基準のみに準拠している〈医療行為は産業にあらず〉という日本特許庁独自の運用から，〈医療関連行為は産業である〉という世界の常識に早期に改めることが求められていると言っても過言ではありません．

36 医薬品業界と特許

- ❖ 製薬産業における重要な知的財産権とは，特許，実用新案，意匠，商標．
- ❖ 医薬品は基本的に特許は1件．ライセンスは基本的にしない．
- ❖ 医薬品業界の特許は原則として基本特許は1つ．その周りを周辺特許で固める．

医薬品業界においては，特許，実用新案，意匠，商標が重要な知的財産権ですが，やはり最も重要なのは特許です．他社の特許によって開発を断念することも非常に多くあり，ライセンスの有無によって，事業を断念するケースもあります．家電とか自動車と違うのは，医薬品は基本特許が1つあって，自社で使う周辺があって，他社からもしかしたら周辺のものをもらうかもしれませんが，基本的には自分のところでやります．自動車・家電などは，会社間でお互いにクロスライセンスをやって，場合によっては自社の権利よりも他社の権利のほうが多いことがあります．

医薬品産業は画期的な新薬の創出力が生命線です．創薬段階でランダムにスクリーニングすると30,000件に1件ぐらいしか候補化合物が見つかりません．構造とか作用をある程度特定してうまくやると1/6,000ぐらいで前臨床に入る候補化合物がひとつ見つかります．それから前臨床で急性，亜急性，慢性毒性までやり，それで臨床試験に入っていろいろ比較検討して，

key word

基本特許：
複数の技術によって製品開発はなされるが，そのうち最も重要な基盤となる技術について確保しておくべき特許を基本特許という．医薬品の特許については，原則的に基本特許は1つであり，成分に関する物質の特許が中心となる．

製造承認を受けます．この候補化合物が上市（最終製品として市場に出されること）できる確率がだいたい 1/10 で，研究開発期間は 15〜17 年．研究開発費は 200〜500 億円，最近では 1,000 億円くらいかかることもあります．これが平均的な数字であり，医薬品の特色は，とにかく特許の保護がなければだめだということです．

　このような観点から，医薬品産業における特許と経営戦略との係わり合い，知財戦略について如何に考えるかが重要です．

　すなわち，経営戦略と一体化した戦略的な知財戦略体制をいかに構築するのか．企業の知財部である限り，経営戦略といかに一体化させるのか．もう 1 つは，企業として知財活動に対するコストをどう考えるかが，極めて重要です．

　何故，経営戦略と一体化した戦略的な知的財産体制を構築する必要があるのか．企業の経営戦略を考えると，研究があって，開発されて，製造されて，販売される．もう 1 つは全体的にこのあたりを横串みたいにアライアンスする．一方，知財の戦略を考えると，研究の段階から情報管理をし，戦略的な出願をし，場合によっては販売したあとでも情報を収集し，ライフサイクルマネジメントもしなければいけません．要するに初めから終わりまで全部しなければいけないということになります．商標については，世界統一商標ということが求められ，開発の中間段階から商標戦略を世界的に出します．当然，他社への権利の対応，それから自社の権利の活用もしなければなりません．そういうことで，知財戦略というのは企業の戦略としてまさに全部のプロセスに関係してきますし，場合によっては製品が失敗に終わる場合はその死に水を取るまで全部絡んでくるということになります．

　何故，企業における知財活動に対してコスト原理を導入する必要があるのか．企業の知財部である限り，会社にとって知財部がプロフィットセンターなのかコストセンターなのかは重要な課題です．そのためには，例えば事業価値計算法という方法を用いて，営業部門から製造部門，開発部門，研究部門も含めて，全て一定の尺度で知財活動のプロフィットを経済的に評価

することが実際の企業では行われています．

　企業を生かすも殺すも知的財産次第といえます．特にアメリカでは旧ソ連との冷戦が終わったあと，連邦取引委員会等の米政府関係機関が知財というのは非常に強力な武器になる，核兵器がなくなった，そういう意味では経済支配するために非常に強い力になる，ということを述べています．アメリカの80年代は，自国の産業をいかに強くし育成するかという観点からのプロパテント（特許重視）の政策を強力に推進し，さらに，94年以降ぐらいにアメリカが言い出しているのは，特許を世界支配のための非常に強力なツールの1つにするという戦略です．そうした国際的な状況に鑑み，経営戦略と知財戦略というのをそれぞれの企業なりに融合して，現代のイノベーション重視の方向性に繋いでいかなければいけません．したがって，知財部もいわば費用を支払うためだけのコストセンターになるのではなくて，企業にプロフィットを与えるようなプロフィットセンターになる必要があります．

　発明・発見と同様，特に医薬品の特許については，特許が独

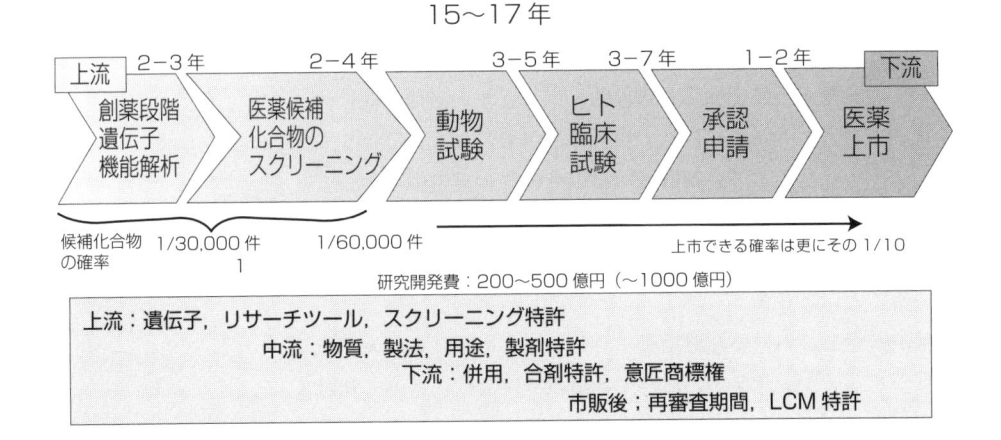

```
　　　　　　　　　　　　　　15〜17年
上流　2-3年　　2-4年　　　3-5年　　3-7年　　1-2年　　下流
創薬段階　医薬候補　　動物　　ヒト　　承認　　医薬
遺伝子　　化合物の　　試験　　臨床　　申請　　上市
機能解析　スクリーニング　　　　試験
```

候補化合物の確率　1/30,000件　1/60,000件　　　　　上市できる確率は更にそのの1/10
　　　　　　　　　1
　　　　　　　　　　　　研究開発費：200〜500億円（〜1000億円）

上流：遺伝子，リサーチツール，スクリーニング特許
　中流：物質，製法，用途，製剤特許
　　下流：併用，合剤特許，意匠商標権
　　　　市販後；再審査期間，LCM特許

[図 36.1] 創薬の研究開発から上市までの流れ（基本的パターン）

り歩きするのではなく，企業経営と一体化することが必須であり，常に革新，それにチャレンジするとうことが最も重要です．

なお，医薬品の研究開発過程と知的財産権との一般的な相関関係について，図 36.1 で示しておきます．

Q&A

Q1：製薬企業の知的財産活動の評価はどのように行うのか（たとえば，15 年前の研究開発成果でようやく利益が出るとか，現在支払うコストは将来に向けてのコストにつながると見るべきかどうかなど判断が難しい）．また，事業評価で，最終的にはお金で集約されると思うが，その場合の評価方法は？

　それはライセンス収入による成果収益という形では評価していますが，知財部全体の貢献ということでは，例えば，特許も維持しなければいけないし訴訟もやるという面も評価の対象です．また，製品を保護しているということで貢献度を評価しなくてはいけません．さらに，知財の人間はどの程度が適切か．10 人では足らず 100 人では多いとすると，50 人くらいという感覚はそう間違っていません．そこにどういう計算をして理論付けるか，納得してもらうかを考え，2 年，3 年，5 年とやって問題無ければそれで良いし，問題があれば手直しをします．

　評価方法についてもいろんな議論があります．付加価値で見るか，売上で見るのがよいか，あるいは，A 製品と B 製品で細かくファクターを変えたほうが良いか．最初はやるということの方が大事であり，具体的なケースに即して判断することが重要です．利益の場合はいろいろな状況で動いてしまいます．1 つ 1 つの利益を計算し，違った値を掛けるならいいですが，医薬品業界は特許が少ないにしても，個々の利益率，シナジー効果などいろいろなファクターを判断に入れる必要があります．さらに，特殊な事情についてはケース毎に考えるという方向が良いでしょう．

Q2：知財，知的資産，技術のテクノロジーマネジメントはインプットもアウトプットもオープンにして早い段階で割安に外

から買えるものは買う,そして内部で開発したものも外により高い収益モデルがあるならアライアンスを組むというオープンイノベーションという考え方がある.このようなオープンイノベーションの考え方について,医薬品業界としてはどうか.

　医薬品業界においても自社で総て基礎から臨床までやるのは基本的に不可能です.研究開発段階では,ベンチャーや大学等を使うようないわゆるバーチャルラボ構造がもう10年以上前から業界では進んでいます.日本の医薬品業界としては日本のベンチャーや大学等よりも,むしろ海外とのグローバルな共同研究の方が2.5～3.0倍ほど多く行われています.

コラム いまだ残されている知財に関する諸課題

ライフサイエンス産業は，他の産業と異なり知的財産がもっとも重要かつ高度に利用されている産業です．知的財産戦略が個々の企業の存続自体に直接的に関わっていると言っても過言ではありません．

2002年から知的財産創造立国が提言されて，2003年からは，毎年，知的財産推進計画が策定されるようになりましたが，ライフサイエンス産業においては，下記の諸課題が積み残されています．

1 権利と活用のバランス
    A　リサーチツール特許の使用円滑化
    B　基本発明の適切な保護と活用促進
2 医療関連行為と知財
    C　医療関連行為の特許保護
    D　医療技術関連方法発明の保護
3 薬事法と著作権法について
4 WTO-TRIPSにおける議論（医薬品アクセス）
5 生物多様性条約における遺伝資源保護問題
6 遺伝子関連特許のハーモナイゼーションにおける問題
7 Bioinformatics特許について
8 Material Transfer Agreementに伴う課題
9 産学官連携の理想像とその追求
10 職務発明と相当の対価について
11 情報の公開とデータ保護について

これらの諸課題については，未解決の課題が多いままです．なお，2.Dについては「35. 医療行為と特許」で述べた通り，現在，進行中です．

一方，これらの諸課題とともに，知財に関する南北問題（「42. 知的財産における南北問題」参照）があり，

12 並行輸入と医薬品アクセスの議論
13 強制実施権とTripsとの関係
14 データ保護に関する問題

などが国際的あるいは政治的な場（WTO／WTO-TRIPS）において議論されています．

37 バイオを用いた ベンチャーの基礎

❖ ベンチャーを起業する際に必要な基礎
❖ ベンチャー発展に必要なしくみ，ベンチャー企業が取り入れて役立つしくみ
❖ ベンチャーを支える社会的条件，海外でのベンチャーを支える社会的基盤とは？

1) ベンチャー起業の条件

　バイオベンチャーを立ち上げるのはいくら良い研究成果があったとしても容易なものではありません．ベンチャー企業を立ち上げてうまく軌道に乗せていくにはさまざまな力の集合が必要です．ベンチャーに必要な要件とは何でしょうか？　まず，ベンチャー企業として立ち行くことが可能な「種（たね）」が必要です．ベンチャー化される研究の大部分は大学や研究所で進められてきています．大学や研究所では比較的基礎的な研究が多いのですが，その中からベンチャー企業として発展する可能性がある「種」をうまく探すことが重要になります．米国の大学にはTLO（Technology Licensing Organization）という組織が研究者をしっかりとサポートして，知財化や技術移転などを支えていて，「種」をうまく利用するシステムができています．

　次に重要なのが，良い人材が結びつくことです．「種」を有しているのは研究者ですが，研究者だけではベンチャーを企業として成功させるのは非常に難しいでしょう．研究者と共に経

key word

ベンチャー企業：
新しい技術や事業モデルを開発し，事業化するために発足させた企業．ベンチャーは「冒険的な企て」の意．

理や営業の専門家との共同が必要だと思われます．米国では，CEO と CFO という呼称で区別される最高経営責任者（Chief Executive Officer）と最高財務責任者（Chief Financial Officer）もしっかりと分離しているのです．このような共同がベンチャーを発展させるもう1つの要因だと考えられます．

・ベンチャーに出来る種が有る事．
・ベンチャーを作れるだけの資金が有る事．
・ベンチャーとして魅力を伝えられるだけの計画が有る事．
・ベンチャーを作っていきたいという仲間がいる事．

［図 37.1］ベンチャーを作る際の条件

2）ベンチャー発展に必要なしくみ

　海外，特に米国のベンチャー企業では，何がその発展を支えてきたのでしょうか．

　ベンチャー企業に一番必要なものは資金です．この資金の確保に有効に働いていると思われるものは，寄付に関する税金の免除があります．米国の大学では，寄付した人物の名前が付けられたビルがしばしば見受けられます．卒業生で事業に成功した場合に，税金対策にもなるのでビルを寄付するのです．これが税金として支払われた場合には，公務員の人件費やさまざまな手続きに関する費用もかかるので，建物を建設する費用は実際の税金額よりも少ない額になってしまいますが，直接ビルを建てることで効率よく建設費用に充当できているといえます．ワインで有名なナパでは，ワイナリーが大学に音楽ホールを寄付した例もあります．この寄付の一環としてベンチャーへの寄付でも税金が免除されることは，資金獲得に有利に働いていると思われます．

　ベンチャー企業内で働く従業員にストックオプション（株による給料の支払い）があることもベンチャー企業発展につな

> **key word**
> ナパ：
> 米国カリフォルニア州サンフランシスコの北に位置し，高級ワインの生産で有名．多数のワイナリーが存在する．

> **key word**
> ストックオプション：
> 会社の経営者・従業員などが，将来，一定の期間内に自社株を一定の価格で買う権利．

6章　バイオ特許の特徴と特有の問題点

がっています．自社の株を保有することは，自分が成果を出して株価を上昇させて自分自身の資産も増やせるのです．これは，従業員・研究員各自のやる気につながると言えます．これら制度的にもベンチャー企業を支えるしくみが，海外にはいくつもあります．

```
制度の違い
    寄付に対して税金が免除される．
    大学等へ直接寄付する．（寄付者の名前の付いたビル）

習慣の違い
    寄付や投資が日常的．
    チャレンジ精神が大きい．

社会の違い
    一度失敗した人の経験を尊重する．
    アメリカンドリームへの憧れ．
```

[図 37.2] ベンチャーを支える米国と日本のバックグラウンドの違い

3) ベンチャー企業を支える社会的条件

　アメリカ社会では，一般的なサラリーマンでも「投資」を日常的に行っています．また，教会への寄付も日常的に行われています．このような人々の意識が基盤となって，ベンチャー企業に対する出資も，寄付のような行為として行われているとも言えます．そのときも寄付の一部のような気持ちで投資するので，10社投資して9社駄目でも，1社が15倍にして返してくれたら元が取れるという考え方もあるのではないでしょうか．もしそのベンチャー企業が失敗してつぶれても，創業者に負債は残らないので次のチャレンジがすぐにできるのです．

　この再チャレンジが可能な点，失敗経験者を活かすという考え方もアメリカでのベンチャー企業を支えている考え方の1つでしょう．ベンチャー企業を資金的に支えるしくみとして「エ

ンゼル」という資金提供組織があり，これらが資金提供の際にはベンチャー企業の経過を審査します．そのときに，これまでにベンチャー起業に参加した経験が重視されます．アメリカでは再チャレンジが可能な制度となっています．

さらに大学を卒業したときの学生は，日本ですと安定した大企業への就職が一番ですが，アメリカの場合には優秀な学生ほど，ベンチャー企業の起業を行うかそこに就職するという傾向にあります．これはアメリカンドリームという誰でも成功できる可能性がある仕事にチャレンジしようとする国民性を示しているでしょう．これらの国民性・社会制度がアメリカのベンチャー企業を支えていると思われます．

Q&A

Q1：ベンチャー起業に必要なものは何か．

ベンチャー企業を起業するには，ベンチャー企業を作れるだけの「種」がまず必要です．この「種」の多くは，大学などの研究機関で創造されることが多いのです．そこでアメリカなどでは大学発のベンチャーや大学の先生が作ったベンチャーが多いのです．次に必要なものが「資金」です．さらにベンチャーに必要なものは，種を発展させようという「計画」とそれを推進する意欲を持った「仲間」です．

Q2：ベンチャー企業の成功とは何か．

特許を取得した製品を開発し，大企業にライセンシングして大企業から製品化されること．また，そのベンチャー企業の成果により大企業に買収されること．この2つがベンチャー企業による成功だと言えます．

コラム｜バイオベンチャー企業の成功とは

アメリカでは，創業から数年で数百人の従業員を抱えるようになるベンチャー企業がいくつもあります．成長していくことができたベンチャー企業では研究開発の成果を学術的に発表するとともに，成果を価値に変えていきます．1つは大きな企業に特許の実施権を売却することです．特に製薬分野では，大企業による創薬投資を減らして，ベンチャー企業が開発した新薬の権利を購入する例が増えています．また，ベンチャー企業の目標の1つに大企業による買収があります．業績があがったところで，大企業に買収されることで保持していた株を高値で売却できます．大企業に買収されるベンチャーは成功したと言えます．

38 バイオベンチャー企業の実例

- ❖ 日本のベンチャー企業の現状——大企業・親会社依存型
- ❖ 海外のベンチャー企業の実例,米国・韓国のベンチャー企業の実例
- ❖ ベンチャー企業育成のために必要な条件,ベンチャー企業発展のために.

1) 日本のベンチャー企業

　日本でのベンチャー企業,特にバイオベンチャー企業の現状はどうでしょうか.日本でのベンチャー企業の特徴は,IT関係など例外はありますが,大企業の一部として成立しているところが多いということでしょう.日本にも大学・研究所発のベンチャー企業が多数存在しますが,その経営が順調なところは多くはありません.日本のベンチャー企業,特にバイオベンチャー企業の特徴として次のような点が挙げられると思います.日本では,大きな企業の本業とは性質が異なるが有望な技術が開発された際に,その部分だけを別の子会社的なベンチャー企業とするケースが多数あります.この場合,親会社が株のほぼ全てを保有しています.また,資金は親会社から提供されることが多く,資金についての心配は少ないが逆に業務や研究の方向性を自由に決められなくなると思われます.資金だけでなく,親会社から出向している従業員・研究者がベンチャー企業の中核として勤務する例が多いとも思われます.こ

> **key word**
>
> **ベンチャー企業の特徴:**
> 日本のベンチャー企業の特徴は,親企業の一部分として成り立つものが多いということ.しかし一方,米国・韓国では,社会的基盤に支えられた独立のバイオベンチャー企業が大部分である.ここからの教訓は何だろうか.

れでは，資金面も人材面も両方とも親企業に依存するような形になってしまいます．親企業からの出向という形では，働いている人にとっては安心感や安定はありますが，米国で取り入れられている「ストックオプション」のような従業員の意欲を高めることが難しくなります．日本のベンチャー企業の中でも親企業がある場合には，以上のような特徴を有することから，独自の発展が困難な要因となっていると考えられます．

・親会社の一部門のような役割が多い．
　　　　親会社の有する技術を基にする．
　　　　新規研究を目指すことが少ない．

・親会社の社員の出向が多い．
　　　　親会社の制度が持ち込まれる．
　　　　社員が安心感・安定感を持ってしまう．

・資金を親会社の社員が負担する場合が多い．
　　　　資金に不自由しない場合が多い．
　　　　投資的な資金の導入が少ない．

・多くの場合，親会社が株式を保有している．
　　　　社員に株を配布する場合は少ない．
　　　　株価の上昇による利益は社員に還元される事が少ない．

[図 38.1] 日本のバイオベンチャーの特徴

2) 海外のベンチャー企業の実例

　海外，特に米国と韓国のバイオベンチャーの実例を示したいと思います．米国では大学での良い種を元に数多くのベンチャー企業が起業されています．例えば，遺伝子組換え技術の開発に携わってきた著名な研究者であるボイヤー博士と投資コンサルタントのスワンソン氏が意気投合して 1976 年に起こしたベンチャー会社が Genentech 社で，数多くの医薬品の開発を行ってきています．ヒト・インシュリンは Eli Lilly 社から 1982 年に，ヒト・インターフェロン α-2a は Hoffman-

La Roche 社から1986年に，B型肝炎ウイルスワクチンについてはSmithKline Beecham 社から1990年に製品化されて販売されています．ヒトゲノム情報を元に創薬を行う会社として1991年に設立されたCuragen 社は，現在従業員数百名と順調に成長しているベンチャー企業です．こちらも医薬品の開発を行っています．

　次世代シーケンサーの開発にもベンチャー企業が大きな役割を担ってきました．このCuragen 社から派生したベンチャー企業が454社で，その開発した成果はパイロシーケンサーとしてRoche 社からGS20の名前で販売されています．

　また，異なる原理で次世代シーケンサーを開発したSolexa 社は，イルミナ社に2006年に600億円という高額で買収されました．この買収したイルミナ社も，実は1998年設立のベンチャー企業なのです．創業たった8年のベンチャー企業が他のベンチャー企業を買収できる数百億円を用意するほどに成長する事実は1つの驚きではないでしょうか．

　韓国でも，成功しているバイオベンチャー企業があります．その1つがMacrogen 社で，塩基配列解読・マイクロアレーの解析・トランスジェニックマウスの構築などの受託解析・生産を行うベンチャー企業として1997年に設立されました．ソウル大学医学部の教授が創設したこの会社はソウル郊外のビルの2フロア分を借り切るほどに成長しています．その他に新生児の臍帯血を保管するという業務を行い成長してきたベンチャー企業にMedipost 社があります．この会社は女性医師が2000年に創業した会社で，新生児の臍帯血を誰のものかわかるように保管し，必要な時には臍帯血から増幅させる事が可能な必要な細胞を提供するという事業を行っています．現在，小児白血病は10万人に3～5人程度の割合で発生します．そのとき臍帯血が保存されていれば，本人の正常な造血細胞を骨髄に戻すことができます．その他の疾病に対する応用についても研究しています．

```
・企業の責任者が研究者（博士号を持っている人）
        大学等での基礎研究を基にする．
        研究論文を発表する．
・責任を分担する体制を組む（会計責任者と研究責任者）
        会計の責任者と研究の責任者とが専門分野を分担する．
        その他の責任（営業，開発等々）も分担する．
・資金を調達できる体制がある（個人投資家やエンゼル）
        資金を投資で調達する．
        投資する方も寄付的な意味合いで投資する．
・ストックオプションが社員にある（個人のやる気を出す）
        社員に株を配布する．
        株価の上昇によって社員も利益を得ることができる．
```

[図38.2] 海外でのベンチャー企業の特徴

3) ベンチャー企業育成のために必要な条件

　上に示した日本のバイオベンチャー企業の現状について，海外でのベンチャー企業の成功並びに海外のさまざまな制度的な違いを考えると，今後の日本でのバイオベンチャー企業の発展のために必要な条件が見えてくると思われます．

　最も重要な要件は資金の集め方ではないでしょうか．日本でベンチャー企業を創設しようとしたときの資金は銀行などからの借り入れがほとんどです．これだともし事業が失敗したときには負債が残ってしまい，次の挑戦が全くできません．しかし，アメリカなどで見られる個人による投資ですと，もしそのベンチャー企業が事業に失敗しても負債は残らず，次の再チャレンジが可能となります．アメリカではこの結果，一度失敗経験をしたベンチャー起業家が尊重されることになります．そこで，日本でも個人投資を可能にする制度・税制などの改革が必要だと思われます．また，社会的に再チャレンジできる環境づくりも大事だと思われます．

さらにベンチャー企業そのものにおいても，現状では親企業の一部門のような形態で成り立っているバイオベンチャー企業が多いのですが，自立した企業として発展させるためには，ストックオプションなど社員の意欲を引き出すことが重要だと思われます．

　いずれにしても日本でもバイオベンチャー企業の発展は必要とされています．若い皆さんの力で是非，強力なバイオベンチャー企業を日本に構築してください．

Q&A

Q1：ベンチャー企業の中で従業員に意欲を持たせる最も良い施策は何か．

　「ストックオプション」により，従業員も自社株を保有することで，意欲を持って会社の研究・開発を推進できます．その結果，株価が上昇すれば，各従業員にも利益が配分されるシステムは最も合理的と言えます．

Q2：Genentech 社の例では，開発した医薬品をどのようにして製品化したか．

　Genentech 社が開発したヒトインシュリンやインターフェロンなどの医薬品は，大手製薬企業にライセンシングされて，大手製薬企業から製品として販売されました．Genebtech 社では，独自に製品化まで行わずに，大手企業と連携することで製品化を加速させました．

コラム 日本における医療の将来

海外企業の医療・バイオへの取り組みはかなり進んでいます．ある大手企業はアイスランド国民の全医療費を負担する代わりに全国民の遺伝子情報と病歴の情報の提供を受けています．主だった SNPs は既に欧米の企業中心にデータベース化されています．日本で使用されている医療機器の 70% は海外製です．医薬品の大部分は海外で開発されたものです．SNPs データと医薬品の副作用の関連データは海外大手製薬企業が保持していると言っても良いでしょう．今後我が国独自の医薬品や医療機器の開発が海外に後れを取ると，高齢化とも相まって増加する医療費の大部分が海外への特許料などの支払いとなる可能性があります．安心して高齢化を迎えるためにも日本での開発が重要だと言えます．

39 バイオイノベーションの評価

- ❖ イノベーションを進めるためには正しい技術評価を行うことが重要.
- ❖ ノーベル賞は科学技術の評価例としても参考になる.
- ❖ 科学技術の評価は,科学者により査読された論文に基づき,再現性や有効性・有用性を判断することにより行われる.

1）バイオ分野の技術評価

　ノーベル賞など多くの賞は印刷された業績が対象になります.研究成果の公表の手段は学会発表や記者会見などもありますが,実際に業績として認められるのはほぼ印刷物のみです.科学の分野では,まず学会発表して他の研究者の意見を聞き,それをもとに論文を作成して雑誌に投稿します.同じ分野の研究者がその投稿された論文を読んで,その研究が公表に値するかどうかを判断します.このように,同僚（ピア）による査読を「ピア・レビュー」と呼びます.したがって,実は記者会見などはピア・レビューではないので,本当の研究成果として認められないわけです.このように科学の分野で研究の発表というのは,他の科学者がどのように評価するかが大きなポイントであり,さらに評価する対象は口頭発表や記者会見などではなくて,正式に雑誌に掲載された論文ということになります.

　また,論文をどの雑誌に掲載するかも重要です.例えば,ノーベル生理学医学賞の対象になった論文の掲載雑誌は,『ア

メリカ科学アカデミー紀要』,『ネイチャー』,『アメリカ化学会雑誌』,『コールドスプリングハーバー定量生物学』,『細胞』,『分子生物学雑誌』などです.学術誌の格付けは,科学者の間の評判だけでなく,ISI (Institute for Scientific Information) 社が毎年公表するインパクトファクターという値を指標にする場合もあります.

このように,科学の分野の評価は,特定の権威者が業績を認定するというシステムではなくて,科学者がお互いに評価しあうというシステムです.さらに,発表した論文の被引用数(他の論文に引用された回数)などの指標を通して,多くの人に対してインパクトを与えたかどうかを判断します.

2) ノーベル賞

科学の分野で,最も有名な評価システムはノーベル賞です.ノーベル賞は,人類のために,最も偉大な貢献をした人を讃える賞です.もともとは,スウェーデンの科学者アルフレッド・ノーベルの遺言に基づいて創設されたもので,ノーベルがダイナマイトの発明などで築いた資産を基金として使い,物理学,化学,生理学・医学,文学,平和および経済学の6部門の業績に対して賞を与えます.

科学の分野でノーベル賞を取るためには,まず優れた業績をあげることが必要です.国籍は一切問いません.また,印刷された業績が対象になり,受賞者は1分野3人までで,受賞決定の日まで生存していることが必要です.ノーベル賞の対象になった研究業績は,平均すると40歳以下の年齢のときに発表した研究成果です.また,業績を発表した後,受賞までにだいたい12〜15年かかると言われています.その理由としては,受賞することになった業績が本当に正しいのかどうかを確認するために時間がかかるためです.例えば,湯川秀樹は1949年の物理学賞を受賞していますが,1935年に中間子論を発表し,その後1947年にパウエルによってパイ中間子が宇宙線の中に発見され,その理論が証明されたということで受賞に至りました.このように,偉大な業績も追試により確認が取れないと評

---

key word

インパクトファクター:
「Journal Citation Reports」誌に掲載されている,論文の年間平均被引用数(過去2年間に掲載された論文数を2年間に引用された回数で割った値).雑誌の影響力を測るための一つの指標.

key word

アルフレッド・ノーベル:
スウェーデンの化学者・企業家 [1833〜1896]. ダイナマイトを発明し,世界各地に爆薬工場を経営して財をなした.遺言により遺産をノーベル賞の基金としている.

key word

中間子論:
湯川秀樹の中間子論は核力の理論的研究によって中間子の存在を予想したもので,1935年に発表され,1949年に日本人最初のノーベル賞(物理学賞)が授与された.

価することはできません．すなわち，追試できるかどうか（再現性があるかどうか）が業績の評価にとって重要だということです．

3) ノーベル賞と科学力

我が国では，「第二次科学技術基本計画 2001 年」において今後 50 年でノーベル賞を 30 個取るという目標が設定されました．しかし，ノーベル賞は結果であり目標にすべきではないという批判もあります．ちなみに，国家とノーベル賞の関係は，アメリカでは 1945 年以前は受賞者の 13％でしたが，1990 年から 2001 年では 64％にまで増加しています．ノーベル賞だけでその国の科学力は評価できないことは当然ですが，ノーベル賞の重要性も考える必要があります．例えば，流行病に対する治療法の基礎になる，微生物学や免疫学をきちんと評価するという姿勢がノーベル賞にはあります．また，ノーベル賞受賞者が特許も多く取得している例（例えば 2001 年度化学賞受賞の野依良治）があります．特に，米国の特許の優位性が受賞者の多さに繋がっていることも見過ごすことができない点です．

> **key word**
> **第二次科学技術基本計画：**
> 科学技術基本法（1995 年制定）によって策定されるわが国の科学技術政策に関する基本的な計画．科学技術の推進や振興のための方針や政策に関する計画で，第二次計画は 2001 年開始．

Q&A

Q1：バイオイノベーションの例はどのようなものがあるか．

バイオイノベーションの例としては，遺伝子のクローニングに関する技術（1978 年ノーベル化学賞など），塩基配列決定法（1980 年ノーベル化学賞），PCR による DNA 増幅法（1993 年ノーベル化学賞），RNA 干渉法（2006 年ノーベル生理学・医学賞），タンパク質の質量分析法（2002 年ノーベル化学賞），免疫学的手法（1984 年ノーベル生理学・医学賞）などがあります．これらは実際に新たな研究分野や産業を生み出したり，それまでの研究や開発の方法を変えたりしたもので，社会的・学問的に大きな影響を与えました．

Q2：ノーベル賞に近い分野とは？

ノーベルは化学者でもあったので，自然科学の分野では化学やそれに近い分野が対象になっているようです．また，評価に

は選考委員の判断が加わり，世間の関心も高いので，産業や学問の発展に著しく貢献した業績は選ばれやすいと言えます．生理学・医学賞の分野を例にとると，病気の原因の解明や治療に関与する業績は選ばれやすく，20世紀初めの病原菌やウイルスの発見から，癌や免疫あるいは神経に関係する基礎および応用研究は何度となく受賞者が出ています．このような分野はノーベル賞に近い分野と言えます．

Q3：ノーベル賞がカバーできない分野とは？

数学にノーベル賞が存在しないのはよく知られていますが，それ以外にもノーベル賞がカバーしていない分野があります．文学以外の芸術に対する賞もありませんし，例えば生物学の中でも生態学には賞が与えられたことはありません．経済学賞は1968年に設立されましたが，最初は経済学に対する賞はなく，また厳密に言えば今でも他のノーベル賞と同等ではありません．環境問題（地球温暖化問題）ではアル・ゴアとIPCC（気候変動に関する政府間パネル）が2007年にノーベル平和賞を受賞しましたが，環境学に対する直接的な賞はありません．

コラム｜ノーベル賞受賞者の年齢

ノーベル賞受賞になった研究業績は，平均39歳（物理学賞36歳，化学賞39歳，生理学・医学賞41歳）の年齢でなされたものです．一方で，受賞時の平均年齢は54歳（物理学賞48歳，化学賞54歳，生理学・医学賞54歳）で約15年の差があります．高齢の受賞は，ラウス（87歳：1966年度生理学・医学賞），フォン・フリッシュ（86歳：1973年度生理学・医学賞）で，逆に，若年受賞は，ブラッグ（25歳：1915年度物理学賞），ハイゼンベルク（31歳：1932年度物理学賞）です．日本人の受賞者は自然科学系では1949年以降13人が受賞し，受賞時の平均年齢は61歳です．

40 ベンチャー政策

- ❖ 米国ではバイ・ドール法により大学からベンチャー企業への技術移転が進んだ.
- ❖ 平沼プランにより我が国でもベンチャー設立の気運が高まり, 1000社以上の大学発ベンチャー企業が作られた.
- ❖ ベンチャーキャピタルは, 資金援助だけでなくさまざまな役割がある.

1) ベンチャー政策の歴史

　米国では, 従来は米国政府の資金で大学が研究開発を行った場合, 特許権は政府に帰属していましたが, 1980年に制定された「バイ・ドール法」(アメリカ合衆国特許商標法修正条項の通称)により大学側や研究者に特許権を帰属させることが可能になり, ベンチャーブームの大きな要因の1つになりました. 我が国では, ベンチャーブームは第1次(1970年代), 第2次(1980年代)とありましたが, バブル経済崩壊以降(2000年前後)には, 経済構造の変化, IT技術の進展, 規制緩和などを背景として再び活発化しました. その背景には, 米国のベンチャー政策に倣った, 我が国の政府による政策があります. 政府は大学におけるイノベーションを促進するために, 平成10年に「大学等技術移転促進法」(いわゆるTLO法)を制定しました. その後,「産学活力再生特別措置法」(平成11年, 日本版バイ・ドール法),「産業技術力強化法」(平成12年),

key word

バイ・ドール法:
「27. 職務発明」keyword参照.

key word

イノベーション:
狭義には技術革新のこと. 広くは, 発明や技術の進歩が工業化されて経済発展や景気循環がもたらされる過程をいう.

> **key word**
>
> **TLO 法：**
> 産業活性化・学術振興のため，大学の技術や研究成果を民間企業へ移転する仲介役となる承認 TLO（技術移転機関：Technology Licensing Organization）の活動を国が支援するために作られた法律．大学等技術移転法（1998年8月に施行）．

「平沼プラン」（平成 13 年）と続き，この頃から急激にベンチャー数が増えました．

2）産学連携

経済産業省が 2001 年 5 月に発表した「新市場・雇用創出に向けた重点プラン」は，その時の経済産業大臣平沼赳夫が発表したことから「平沼プラン」と呼ばれています．平沼プランは，別名「大学発ベンチャー 1000 社計画」とも呼ばれています．

「平沼プラン」の背景は，我が国の経済の停滞の原因がイノベーションの欠如にあると考え，イノベーションと需要の好循環を作り出すための基盤整備の必要性が高まったことによります．イノベーション・シーズを十分に持つ大学の基礎研究力を産業界が十分に利用するために，大学発の特許取得件数を 10 年間で 10 倍にして，技術移転の成果としての大学発ベンチャー企業を 3 年間で 1000 社以上にするという目標を定めました．この目標を達成するために，大学における研究に競争概念を導入し，大学の組織運営改革や産業界への技術移転戦略を構築する計画を立てました．

さらに，地域企業，大学，公的研究機関などの間で，相互連携のための緊密な人材ネットワークを形成し，地域技術の実用化・事業化を支援することにより企業化支援機関やビジネスインキュベーターを強化して，ストックオプション制度の弾力化など，有用な人材確保のための環境整備を図るなど，一連の制度と環境作りが提唱されています．

3）ベンチャーキャピタル

ベンチャーキャピタルとはベンチャー企業への投資を専門的に行う投資会社のことです．株式未上場の創業間もないベンチャー企業に出資し，その企業の事業が成功して上場した際に得られる利益（キャピタルゲイン）を収入とします．ベンチャーキャピタルからの支援内容は，資本導入だけでなく，それ以外にも，例えば「右腕」やアドバイザーなどの経営資質の

補完があります．ホンダやソニーでは，このような「右腕」の存在が成長に重要な貢献をしました．大学発ベンチャーに求められる「右腕」の多くは研究開発を担当しています．これ以外には，ビジネスプランの助言，販路開拓の支援，経営人材の紹介などがありますが，活用状況は十分とは言えないでしょう．

Q&A

Q1：我が国と米国におけるベンチャー企業支援の違いは？

米国では，ベンチャー企業の成長発展段階と事業リスクを踏まえたベンチャーファイナンスの構造が形成されています．実際に，ベンチャー投資額の比較では，我が国のベンチャーキャピタルの投資残高（平成18年）は米国の30分の1，欧州の25分の1程度と低い水準になっています．特に，米国では初期投資を促進するための「エンジェル税制」（「エンジェル」は個人投資家のこと）が進んでいます．これ以外にも，TLOによる支援などさまざまな違いがあります．

Q2：大学発ベンチャーに必要な支援とは？

経済産業省の調査（平成19年度「平成18年度大学発ベンチャーに関する基礎調査報告書」）によると，大学発ベンチャーが大学に期待する支援として，研究開発段階では「大学の公認ベンチャーとしてのPR」が最も高く，「研究開発資金の供与」，「大学施設の弾力的な利用」の順で，起業時は「インキュベーション施設の提供」，「リエゾンセンター等のシステム整備・ベンチャー支援専任職員」，「出資・資金調達支援」です．また，起業後については，「場所の提供」，「出資・資金調達支援」，「販路紹介・資金調達」が上位に挙げられています．大学から大学発ベンチャーへの出資については，国立大学では4割以上の大学で「出資したいと思う」と答えています．早稲田大学が出資した事例では，低温で水溶性になり，高温ではゲル状になる生体組織培養用素材を開発したベンチャー企業などがあります．しかし，現行の国立大学法人法では，国立大学は承認TLOにしか出資することが認められていません．このようなことから，一部の国立大学では，大学発ベンチャーのライセ

> **key word**
>
> 承認TLO：
> 大学等技術移転促進法（TLO法）に基づき，国が認める「承認TLO」と「認定TLO」がある．承認TLOは国公私立大学，独立行政法人等に設置されるものであり，認定TLOは，民間事業者によって設置されるもの．

ンスの対価としての株式取得・売却に関するガイドラインや規定を検討している例（東京農工大学）もあります．

Q3：大学発ベンチャーに対する期待はどこにあるか．

　高度経済成長時代には，米欧企業に追随することで低コストと高品質が産業競争力の源でしたが，1990年代以降は米欧に追いつき追い越す面も出てきて，日本独自のイノベーションを切拓いていかなければならなくなり，また，知的財産権に対する意識が高まることにより，それまでの手法が機能しにくくなりました．そのため，我が国が将来にわたって自律的に発展し，経済成長を遂げていくためには，イノベーションにより製品やサービスに付加価値を付加することが必要不可欠になりました．イノベーションを創出する仕組みとして，研究の中心である大学から技術移転を受けて設立される大学発ベンチャーが，技術を仲立ちとして科学と経営を連携させ，双方向の知の流れの円滑化や異分野の融合，価値創造を効果的に推進することを目指しています．また，その結果，大学発ベンチャーによって我が国の産業力の強化と雇用促進が期待されます．

41 バイオベンチャー

- ❖ アカデミックベンチャーは戦前戦後には活発だったが，1960～1980年代は低迷した．
- ❖ バイオベンチャーの上場は多いが，創薬ベンチャーは資本金や大手企業とのアライアンスなど問題を抱えている．
- ❖ 大手企業とのアライアンスにはお互いの役割を理解することが必要．

1）アカデミックベンチャー

　アカデミックベンチャーとは，公的研究機関（アカデミア）から創出されたベンチャーのことです．そのベンチャー企業は，創業者がアカデミアから来る「創業者型」，人材として参画する「人材参画型」，アカデミアにおいて開発された技術・研究成果が移転されてできる「技術，研究成果移転型」に大きく分けることができます．戦前はアカデミックベンチャーの創出が活発で，62％のベンチャーが戦前に設立されています．その後，戦後から1974年までに28％設立されていますが，1975年以降は10％しか設立されていません．1960年代から80年代にかけては，いわゆる「空白の30年」と呼ばれており，ベンチャーの創出が極めて低レベルでした．しかし，2000年以降，アカデミックベンチャーの創出が増加し，中でもバイオベンチャーの上場が増加しています．

　経済産業省がまとめた調査結果（2007年3月）によると，

key word

上場：
企業の上場とは，証券取引所が場内で株式の売買取引を認めることをいう．各証券取引所によって上場する際の基準が決められており，投資家を保護し，株式を円滑に売買できるよう配慮されている．上場会社は有価証券報告書などの公開を義務づけられるが，社会的信用が増し，資金調達などが容易になるなどメリットが多い．

大学発ベンチャーは，平成18年度までの累計で1590社創出されました．大学で生まれた研究成果をもとに起業したベンチャー（コアベンチャー）が971社で，大学と関係の深いベンチャー619社を合わせると1590社になります．大学発ベンチャー数は，平成10年度以降急激に増加しました．大学発ベンチャーの事業分野は，バイオ分野が最も高く，2005年度では50％（多分野との重複を含む）を超えています．IT分野は40％前後で，機械・装置分野が20％程度で，素材・材料，環境分野はそれぞれ約10％です．上場を果たした大学発ベンチャーは平成19年3月までで19社あり，その半分以上がバイオベンチャーです．

2）創薬ベンチャー

創薬系ベンチャーでは，創薬プロセスと密接に関連して，研究開発，資金調達，あるいは市場開拓が取り組まれます．創薬プロセスは，基礎研究，非臨床試験，臨床試験，登録審査，そして最後に発売へと進みます．基礎研究には2年から5年，非臨床試験には3年から5年，臨床試験には3年から7年必要です．それぞれの段階で資金が必要になります．例えばフェーズⅡ（少数疾患者試験）の臨床試験までで約25億円から30

> **key word**
> フェーズ：
> 「2.バイオ創薬 コラム：新薬開発のプロセス」参照．

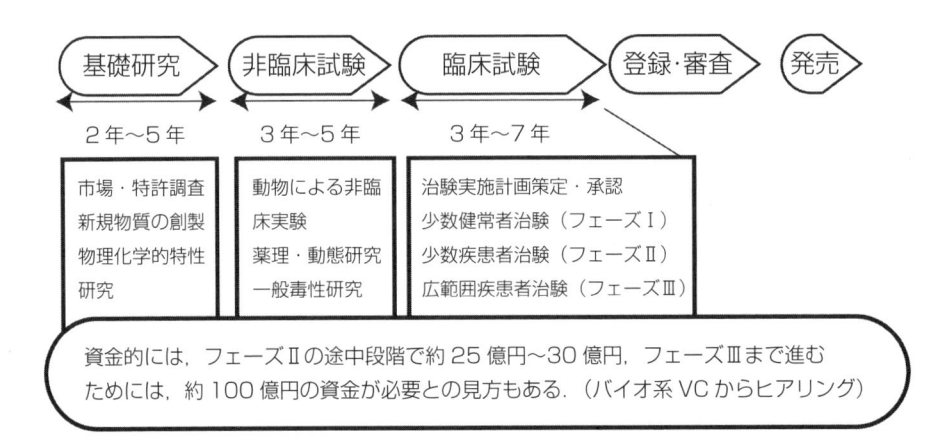

[図41.1] 創薬系ベンチャーの事業発達段階
出典：経済産業省「平成18年度大学発ベンチャーに関する基礎調査報告書」(2007年3月) 図表Ⅳ-1-23

億円必要です．これがフェーズⅢの広範囲疾患者試験に進むと約100億円の資金が必要とされています．

バイオ系のベンチャーは，このような創薬系のベンチャーも含むので，莫大な資本金を必要とし，研究開発費としても平均的なベンチャーの研究費に比べておおよそ倍くらいの研究開発費用を必要とします．一方，IT系のベンチャーはそれほど研究開発費を必要としていなくて，全体の平均のだいたい2～3割の研究費を使っています．

3）バイオベンチャーの問題点

前項のとおりバイオベンチャーはITなどに比べてより多くの研究資金と研究開発の時間を必要とします．大手企業とのアライアンスは研究設備に対する投資を軽減するだけでなく，ノウハウや情報収集力などの点で多くのメリットがあります．しかし，実際には大手企業と大学発ベンチャーのアライアンスはなかなか進みません．その理由は，企業の研究部門は自力で研究成果をまとめる意識が強いためにアライアンスには消極的であり，また，研究者の個人的な関係が共同研究のもとになっている場合が多いので，アライアンスに発展しないという問題点が大手企業側にあります．一方で，ベンチャー側の問題としては，企業が必要としている研究を行っていない，マーケットや顧客の具体性がない，独自製品がないなどの指摘があります．さらに創薬分野では，フェーズⅠあるいはⅡまで到達したシーズが必要ですが，多くのベンチャーではそこまで到達していません．さらに，ベンチャーの持つ単一の技術に関する特許だけでは多くの技術や特許が必要な製品開発には不十分であり，むしろ企業同士の連携の方が進みやすい傾向にあります．

このような問題点を解決するためには，大手企業と大学発ベンチャーとのアライアンスの役割モデルを作り出すことが必要です．大学発ベンチャーは，大学などの公的研究機関の研究成果をもとにして作られますが，大手企業はそのコンテンツを利用するかわり，大手企業の持つ大量生産，製品管理，顧客管理，販売戦略などの面でベンチャーに協力します．公的研究機

関は高度な研究能力，新規の技術内容，将来の開発内容，国民への成果還元などのポイントから，ベンチャーに対して協力します．また，ベンチャー企業は通常上場を目指しますが，上場後，大企業化を目指すためには製品やサービスにおける競争力を強化する必要があります．あるいはベンチャー性を残す場合は，差異性，排他性を確保するに十分な高い技術力を維持していく必要があります．

```
┌─────────────┐                              ┌─────────────┐
│ 公的研究機関 │      研究成果    コンテンツ  │   民間企業   │
│・高度な研究能力│   ▶         ┌─────────┐    ◀ │・大量生産    │
│・新規の技術内容│             │アカデミック│      │・製品管理    │
│・将来の開発内容│             │ ベンチャー │      │・顧客管理    │
│・国民へ成果還元│   ◀         └─────────┘    ▶ │・販売戦略    │
└─────────────┘   情報・ニーズ    提携・資本協力 └─────────────┘
                            ▼
                        上場を目指す
                  ┌─────────────────────┐
                  │上場後は？            │
                  │・大企業化を目指す    │
                  │  製品・サービスの競争力を強化│
                  │・ベンチャー性を残す  │
                  │  排他性を維持，研究開発を重視│
                  └─────────────────────┘
```

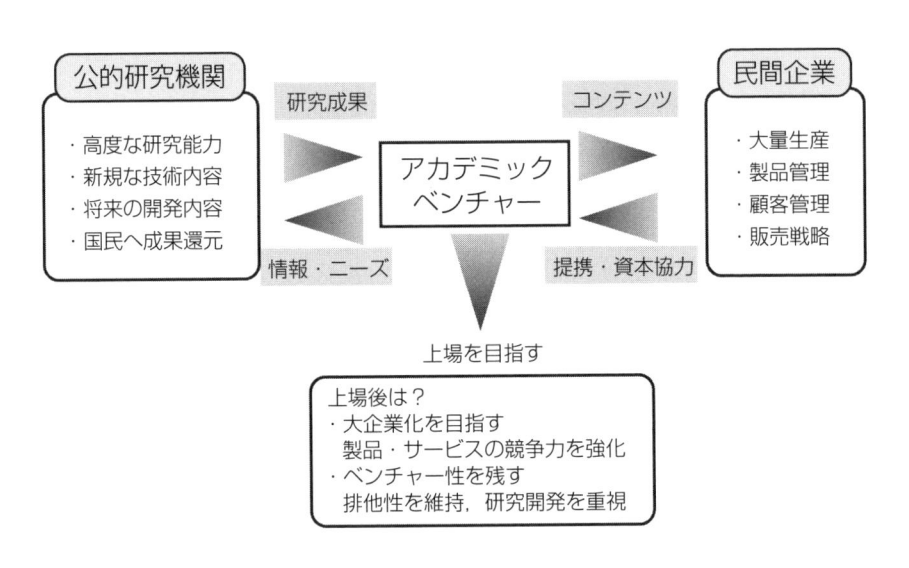

[図41.2] アカデミックベンチャーの今後の展開

Q&A

Q1：1960年代から80年代にかけてベンチャー企業創出が低迷した理由は？

いつの時代も企業の設立はイノベーションと切り離すことはできません．戦前は技術開発から企業化へと進む例が少なくありませんでした．一方で，1960年代から80年代はいわゆる高度経済成長期と重なります．この時代は，低コストと高品質が産業競争力の源でした（「40. ベンチャー政策」参照）．し

たがって，イノベーションを基礎とした企業の設立の必要性が高くなかったと考えられます．しかし，1990年代以降は知的財産権に対する意識が高まり，大企業では不可能な技術開発のシーズ探索や迅速な判断による製品化が可能なベンチャー企業の必要性が高まったと考えられます．

Q2：創薬ベンチャーの抱える問題点とは？

バイオ系の大学発ベンチャーでは，一般的に研究開発期間が長く，また，研究開発費用も大きいため，研究の進捗状況に応じてマイルストーン（中間目標）を設定して，複数回にわたる資金調達が必要になります．特に，創薬ベンチャーは，10年以上の開発期間と，臨床試験など大規模な開発が必要なため，大手企業とのアライアンスが不可欠です．しかし，我が国ではそのアライアンスが進まない制度上の障害として，薬事法の承認審査に要する期間が米国の約2倍（平成17年で日本22.7か月，米国10.2か月）ということがあります．薬事審査の人員の増大等による審査期間の短縮化が，市場化までの期間の短縮化を促し，大企業とのアライアンスを促進する要因の一つになると考えられます．

Q3：ベンチャー企業と大手企業の関係はどうあるべきか．

ベンチャー企業と大企業の協力関係として，①共同研究や委託研究，②出資金や融資，③人材の提供，④販路開拓，⑤経営面でのアドバイスなどがあります．また，ベンチャー企業は研究開発のみに特化し，生産・販売を大企業に委託するというアライアンスも考えられます．また，大手製薬企業では，事業可能性の大きい研究開発を行っている大学発ベンチャーとのアライアンスを模索する動きもあります．しかし，欧米諸国と比較すると，我が国におけるアライアンスの件数は非常に少ないことに加え，我が国の大企業のアライアンス先は欧米のベンチャーが大半であり，国内ベンチャーとのアライアンスは極めて少ないという状況です（「36. 医薬品業界と特許」Q2参照）．

42 知的財産における南北問題
（先進国と途上国の対立・調整の問題）

> ❖ いわゆる知的財産における南北問題は，「北」先進国＝強い知財権に賛成（テクノロジーやコンテンツの創造者の立場），「南」途上国＝強い知財権に反対（テクノロジーやコンテンツの利用者の立場）という構図．今に始まった問題ではない．
> ❖ WTO（世界貿易機構）のTRIPS（知的所有権の貿易関連の側面に関する協定）によって，バイオ分野の知財の南北問題の解決が期待されている．
> ❖ 1992年の生物多様性条約の成立以降，近年の新興国の経済力，発言権の増大に伴い，ますます知的財産権の問題調整の重要性は増大する見通し．

1) 知的財産における「南北問題」の所在

知的財産権について，一般に技術の優位な先進国は，独占排他権を確保するための強い知的財産権の保護を，特許権であろうと著作権であろうと主張する傾向があります．これに対して，先進国に追いつこうとする途上国は，独占排他権よりも利用権の拡大を求め，強い知的財産権には反対ないしは消極的にならざるをえないでしょう．かつて，戦後，日本も欧米先進国に追いつくために，知的財産権の保護よりも，欧米の技術を導入することが目標でした．実を言うと知的財産権の保護よりも，日本企業のグループ化，集約化による効率化によって，欧

米の技術を踏み台にしてそれを乗り越えるという政策目標が暗黙のうちに国内の官民学で合意が形成されていたといっても過言ではありません．今，中国などの新興国や途上国の海賊版に対して，日本は技術やコンテンツを盗まれないよう知的財産権の保護を強く要求すべき段階ですが，かつては「MADE IN JAPAN」というと，安かろう悪かろうといったイメージや欧米の模造品といったイメージが強かったことも留意しておいたほうがいいでしょう．国際会議の場では，思わぬところで外国から盲点を突かれた論点が出されることもあります．要約すると，日本の過去の歴史的発展経緯を含め，「北」先進国＝強い知財権に賛成（テクノロジーやコンテンツの創造者の立場），「南」途上国＝強い知財権に反対（テクノロジーやコンテンツの利用者の立場）は今に始まった問題ではないということです．自国産業の利害を守る，自社の知財権を守ることは当然ですが，国際社会においては異なる発展段階を有する国家，企業，人々が共存しなければならない南北問題におけるハーモニゼーションを理解し，行動していくことがどうしても必要になります．

2）生物多様性条約と知的財産の問題

世界的な環境破壊・汚染が問題になるにつれて，多様な生物を保護しようという認識が近年高まってきました．1992年に生物多様性条約が成立した背景は，次のとおりです．

「人類は，地球生態系の一員として他の生物と共存しており，また，生物を食糧，医療，科学等に幅広く利用している．近年，野生生物の種の絶滅が過去にない速度で進行し，その原因となっている生物の生息環境の悪化及び生態系の破壊に対する懸念が深刻なものとなってきた．このような事情を背景に，希少種の取引規制や特定の地域の生物種の保護を目的とする既存の国際条約（ワシントン条約，ラムサール条約等）を補完し，生物の多様性を包括的に保全し，生物資源の持続可能な利用を行うための国際的な枠組みを設ける必要性が国連等において議論されるようになった．」（外務省ＨＰ　生物多様性

http://www.mofa.go.jp/mofaj/gaiko/kankyo/jyoyaku/bio.html）日本は，環境省を中心に，日本の産業界のガイドライン「生物多様性民間参画ガイドライン」を2009年7月に策定したり，2010年10月に名古屋で開催される第10回締約国会議で各国の生物資源保護の数値目標作りの提案を行う予定であるなど積極的ですが，同条約を191の国・地域が批准する中，米国は知的財産権の保護が十分ではないという理由で批准していません．この点については，同条約において，遺伝資源の利用に関しては，資源利用による利益を資源提供国と資源利用国が公正かつ衡平に配分すること，また途上国への技術移転を公正で最も有利な条件で実施することが求められており，植物や微生物等の生物資源をバイオ創薬の原料とする米国製薬企業の意向が大きく働いていると考えられますが，1980年以降プロ・パテント政策（特許重視政策）を強力に推進しようとしている米国政府が，環境保護や南北問題と知財権保護について新たな役割を果たすことを国際社会は求めていると言え，日本としても，先進国の一員として途上国との円滑な調整に積極的な働きかけを行っていく必要があると考えられます．

3）バイオ知財の南北問題におけるWTO・TRIPS協定の意義

WTOのTRIPS協定は，米国を中心に先進国が，途上国に知的財産権保護の整備を求めるための仕組みであり，2002年に中国がWTO加盟する際に，中国の加盟条件に要求したことで，大きく前に進んだものとして世界の知的財産権の枠組みとして存在し，各国間の紛争の処理に一定の役割を果たしています．WTOのTRIPS協定の中でも，特許などの知的財産権について，強制実施権が認められ，エイズ薬の自国生産などのために途上国が強制実施権をちらつかせたり，実際に発動したケースもあります．1997年に人口の10％以上がHIVに感染した南アフリカ政府は，「医薬および関連物質管理法」を制定し，インドから安価な複製エイズ薬の輸入を認めたこともあります．

これに対して，生物多様性条約は，国連の枠組みからスター

---

key word

強制実施権：
WTOは1995年に発効したTRIPS協定（貿易関連知的財産権協定）で，医薬品に限らず，政府や政府と契約関係にある機関が非商業目的のために生産するのであれば，特許権者の事前の承諾を得ることなく，その技術を使うことができると定めている．特許の用語では，「強制実施権」と呼ばれている．このように特許権に制約を加える規定は，プロ・パテント政策に転じた米国にとっては一見矛盾するようだが，背景には，国内外の特許権者に配慮することなく，軍事開発や宇宙開発を進めたいという米国政府の思惑があったとみられる．強制実施権は，日本の特許法でも，「裁定通常実施権」として，公益上必要な場合（特許法93条）などの場合には，特許庁長官の裁定で，特許権者の事前の許諾がなくても利用できる旨，定められている．ただし，いわば伝家の宝刀的な規定であり，日本では実際に発動されたことはない．

トしている仕組みであり，数の上では多数派の途上国の意見が優勢を占めています．今まで先進国を主導に乱獲から破壊された生態系環境を保護しようとする見方が広まって，途上国の薬草など伝統的資源を知的財産として保護し，先進国に利益配分や技術移転を求める要素が強いので，米国を中心に先進国としては慎重にならざるをえない面があることは否めません．しかし，新興国のインドが，伝統的資源について世界的なデータベースを整備しようと着手したり，同じく新興国の中国が途上国の立場に立って先進国に特許技術の公共的な利用としての無償開放を求めたりするなど，日本としては，知的財産権の保護を中心にしつつ，生態系環境保護の推進や途上国支援に消極的な立場であっては国際社会をリードしていくことはできません．日本としては，地球温暖化対策における25％削減提案と同じくらいに，大変困難な選択肢であり，外交交渉も容易ではありません．他方，こうした国際的な枠組みの前に，たとえば前述のエイズ薬の問題について，南アフリカ政府がインドからの複製品の薬輸入の法律について，米欧の製薬企業39社が，同法の改正を求め輸入禁止の訴訟を起こしたのに対して，人道的な観点からの国際世論のもと，複数のNGO団体が25万人の署名を集めたため，2001年4月に提訴を取り下げ例外的な措置を認めざるをえず，妥協した経緯があります．他方，WTOのTRIPS協定のルールによって，インドについては一定の経過措置を認めた上で2005年に特許法を改正し，化学物質についての特許が可能となり，先進国はインドにおいて特許を取得して，特許侵害を問えるようになりました．日本は，米欧のような巨大な製薬企業は少ないとはいえ，機能性食品やさまざまな原料を途上国の生態系資源に依存しているので，知的財産権と南北問題や生物多様性条約への十分な理解と対応が必要です．

> **key word**
>
> **南アフリカの複製品エイズ薬訴訟：**
> 2001年3月，南アフリカにおいて欧米の大手製薬会社39社が南アフリカ政府を訴える裁判を起こした．これは南アフリカ政府がインドからエイズ薬の安価な複製品を輸入・製造することを認める「医薬および関連物質管理法」を制定したことに対して起こされたもの．

（注）途上国でも，WTO加盟の時期によって対応が異なっています．中国は加盟のために先進国にあわせて特許法を制定・改正し，医薬品などの化学物質について，特許を認めるこ

とにしましたが，インドなど，もともとWTOに加盟していたところは，化学物質特許を特許法の中で認めていないことに経過措置が認められていたという状況にありました．そのため経過措置の期限が切れる前の2005年にインドは特許法改正を行いました．しかし，その後も2008年にタイでエイズ薬や心臓病薬などについて，財政負担が多すぎるとして先進国の企業の「特許破り」を行うなどの状況が続いています．

・・・

参考　：「生物の多様性に関する条約」要旨
　　　　本条約は，前文，本文42か条，末文及び2つの附属書から成っています．その主たる規定は，次のとおりです．

(1) 第1条　目的

　「この条約は，生物の多様性の保全，その構成要素の持続可能な利用及び遺伝資源の利用から生ずる利益の公正かつ衡平な配分をこの条約の関係規定に従って実現することを目的とする．この目的は，特に，遺伝資源の取得の適当な機会の提供及び関連のある技術の適当な移転（これらの提供及び移転は，当該遺伝資源及び当該関連のある技術についてのすべての権利を考慮して行う．）並びに適当な資金供与の方法により達成する．」

(2) 第6条　保全及び持続可能な利用のための一般的な措置

　締約国は，「生物の多様性の保全及び持続可能な利用を目的とする国家的な戦略若しくは計画を作成し，又は当該目的のため，既存の戦略若しくは計画を調整し，特にこの条約に規定する措置で当該締約国に関連するものを考慮したものとなるようにすること」を行う．

(3) 第7条　特定及び監視

　締約国は,「生物の多様性の構成要素であって,生物の多様性の保全及び持続可能な利用のために重要なものを特定」し,また,そのように「特定される生物の多様性の構成要素を監視する」.

(4) 第8条　生息域内保全

　締約国は,「(b) 必要な場合には,保護地域又は生物の多様性を保全するために特別の措置をとる必要がある地域の選定,設定及び管理のための指針を作成すること」を行う.

　締約国は,「(g) バイオテクノロジーにより改変された生物であって環境上の悪影響(生物の多様性の保全及び持続可能な利用に対して及び得るもの)を与えるおそれのあるものの利用及び放出に係る危険について,人の健康に対する危険も考慮して,これを規制し,管理し又は制御するための手段を設定し又は維持すること」を行う.

　締約国は,「(j) 自国の国内法令に従い,生物の多様性の保全及び持続可能な利用に関連する伝統的な生活様式を有する原住民の社会及び地域社会の知識,工夫及び慣行を尊重し,保存し及び維持すること,そのような知識,工夫及び慣行を有する者の承認及び参加を得てそれらの一層広い適用を促進すること並びにそれらの利用がもたらす利益の衡平な配分を奨励すること」を行う.

　締約国は,「(k) 脅威にさらされている種及び個体群を保護するために必要な法令その他の規制措置を定め又は維持すること」を行う.

(5) 第9条　生息域外保全

締約国は，「(a) 生物の多様性の構成要素の生息域外保全のための措置をとること」を行う．

(6) 第14条　影響の評価及び悪影響の最小化

締約国は，「生物の多様性への著しい悪影響を回避し又は最小にするため，そのような影響を及ぼすおそれのある当該締約国の事業計画案に対する環境影響評価を定める適当な手続きを導入」する．

「締約国会議は，今後実施される研究を基礎として，生物の多様性の損害に対する責任及び救済（原状回復及び補償を含む．）についての問題を検討する．」

(7) 第15条　遺伝資源の取得の機会

「各国は，自国の天然資源に対して主権的権利を有するものと認められ，遺伝資源の取得の機会につき定める権限は，当該遺伝資源が存する国の政府に属し，その国の国内法令に従う．」

「締約国は，他の締約国が遺伝資源を環境上適正に利用するために取得することを容易にするような条件を整えるよう努力し，また，この条約の目的に反するような制限を課さないよう努力する．」

「遺伝資源の取得の機会が与えられるためには，当該遺伝資源の提供国である締約国が別段の決定を行う場合を除くほか，事前の情報に基づく当該締約国の同意を必要とする」．

「締約国は，遺伝資源の研究及び開発の成果並びに商業的利用その他の利用から生ずる利益を当該遺伝資源の提供国である

締約国と公正かつ衡平に配分するため」,「適宜,立法上,行政上又は政策上の措置をとる」.

(8) 第16条　技術の取得の機会及び移転

締約国は,開発途上国に対し,「生物の多様性の保全及び持続可能な利用に関連のある技術又は環境に著しい損害を与えることなく遺伝資源を利用する技術」の取得の機会の提供及び移転について,公正で最も有利な条件で行い,又はより円滑なものにする.

「特許権その他の知的所有権によって保護される技術の取得の機会の提供及び移転については,当該知的所有権の十分かつ有効な保護を承認し及びそのような保護と両立する条件で行う」.

(9) 第18条　技術上及び科学上の協力

「締約国は,必要な場合には適当な国際機関及び国内の機関を通じ,生物の多様性の保全及び持続可能な利用の分野における国際的な技術上及び科学上の協力を促進する」.

また,「締約国会議は,第一回会合において,技術上及び科学上の協力を促進し及び円滑にするために情報交換の仕組み(a clearing-house mechanism)を確立する方法について決定する」.

(10) 第19条　バイオテクノロジーの取扱い及び利益の配分

「締約国は,バイオテクノロジーにより改変された生物であって,生物の多様性の保全及び持続可能な利用に悪影響を及ぼす可能性のあるものについて,その安全な移送,取扱い及び利用の分野における適当な手続(特に事前の情報に基づく合意

についての規定を含むもの）を定める議定書の必要性及び態様について検討する．」

(11) 第20条　資金

「先進締約国は，開発途上締約国が，この条約に基づく義務を履行するための措置の実施に要するすべての合意された増加費用を負担すること及びこの条約の適用から利益を得ることを可能にするため，新規のかつ追加的な資金を供与する」．

(12) 第21条　資金供与の制度

「この条約の目的のため，贈与又は緩和された条件により開発途上締約国に資金を供与するための制度を設けるもの」とする（There shall be a mechanism for ～ ）．

(13) 第22条　他の国際条約との関係

「この条約の規定は，現行の国際協定に基づく締約国の権利及び義務に影響を及ぼすものではない．ただし，当該締約国の権利の行使及び義務の履行が生物の多様性に重大な損害又は脅威を与える場合は，この限りでない．」

(14) 第39条　資金供与に関する暫定措置

　国際連合開発計画（UNDP），国際連合環境計画（UNEP）及び国際復興開発銀行（IBRD＝世界銀行（World Bank））の地球環境基金（GEF）は，締約国会議が第21条の規定によりいずれの制度的な組織を指定するかを決定するまでの間暫定的に，同条に規定する制度的組織となる．

コラム　バイオ・パイラシー
——生物資源の盗賊行為とは

　バイオ・パイラシー（生物資源の盗賊行為）とは，途上国や関連のNGO（「南」）が，先進国（「北」）による生物資源は「利己的な」利用であるとして非難する考え方です．たとえば「南」の国々で伝統的に利用されてきた薬用植物の成分を分析・解明することで先進国のバイオテクノロジー企業は特許を取得し，その商品に関する独占排他的な利用権を手に入れことができるのは不公平である，というものです．

　生物多様性条約の締結においても，途上国側の主張の根拠となっています．日本を含む先進国は，こうした途上国の生物資源を利用する際に，特許権や技術革新へのモチベーションとの兼ね合いでどのように調整を図るかが課題となっています．日本政府は，生物多様性条約の締約国会議を2010年10月に名古屋で行うことになっています．同条約を191の国・地域が批准しましたが，米国は知的財産権の保護が十分ではないという理由で批准していません．

　一般的に「南」の国々は生物種が多くて遺伝資源が豊富です．「南」の主張は，①遺伝資源の豊富さは単に地理的・気候的条件から生み出されたものだけではない，②「南」の国の地域の人々やコミュニティーによる長年にわたる保護・改良の結果である，③これらの遺伝資源は「南」のコミュニティーの共有財産として取り扱いをされ，一部の特定の者が排他的な利用権を取得できる先進国の特許の制度とは無縁であった，という主張です．実際に，途上国は，この遺伝資源を伝統的知識として，先進国の特許権の考え方に対して激しくぶつかり合っています．

　代表的な例を，挙げておきましょう．1つは，南アフリカのカラハリ砂漠に住むサン族は，Hoodiaというサボテンを食べて空腹をしのいでいたということが，1937年のオランダ人文化人類学者の文献にありました．それをもとに近年南アの研究機関の研究によって食欲抑制遺伝子が見出され，これを特許にして英国のバイオ企業にライセンスしダイエット医薬品として大きな市場が見込まれています．これに対して，「南」やNGOのバイオ・パイラシー批判の主張は，サン族の末裔が南アの研究機関に対して訴訟を起こし，2002年3月にサン族がロイヤリティの一部を受け取ることで和解が成立しました．「フーディア」などの名称で日本でもダイエット食品として販売されています．

　もう1つの例としては，カレーに含まれるターメリックというスパイスについてです．日本の沖縄でもウコンとして栽培されていますが，1955年にミシシッピ大学医学センターがターメリックによる損傷，発疹の防止効果について米国特許（No.5,401,504）を取得しましたが，インド科学・工業研究評議会（CSIR）は，ターメリックは損傷と発疹を癒すために数千年の間使われていると主張しました．その薬

は斬新な発明品ではなかったという主張の根拠としては、古代のサンスクリット語テキストと1953年にインド医師会のジャーナルの中で発表された論文等を含め伝統的な知識の証拠書類が提出されました。米国特許庁はCSIRの主張を支持し、特許を無効にしました。このように開発途上国に関する伝統的な知識に基づいた特許はよく訴えられることがあり、日本のメーカー、研究機関、研究者としても十分注意が必要です。

INDEX 索引

A~Z

BAC	53,55
Cohen-Boyer 特許	172,198
ColE1 プラスミド	62
DNA 鑑定	91
DNA チップ	6,81,82,83,97,98,112
DNA ポリメラーゼ	48,69,73,75,99,159,160,176
DNA マイクロアレイ	81
DNA リガーゼ	8,63
ERE（Estrogen Responsive Element）	112
ES 細胞	100,103,104,156,167,168,169,170,171,172,182
FDA（食品医薬局）	16,82,83,197
F プラスミド	62
Genomes Online Database	21
HLA タイプ	170
IPCC	230
iPS 細胞	7,91,101,102,127,158,167,168,169,170,171,172
LDL コレステロール	16
M&A	120,204
MASS	193
MLH1 遺伝子	107
NCBI GenBank	21,85
NIH（国立衛生研究所）	21
Onco Mouse 特許	198
p53 遺伝子	106,107,109
PCR	6,99,194,198
PCT	131,132,133
QOL（Quality of Life）	108
RB 遺伝子	106,107
REACH	112
RFLP 法	99
RGD ペプチド事件	197
RNA	31,51,57,59,61,67
SNP	20,21,22,82,99,226
SPEED98	111
TLO	141,216,231,233
TLO 法	231,233
TRIPS	130,155,208,242,243
WIPO	130
WTO	130,155,208,242,243,244
X線フィルム	67,69,160
YAC	53,55

あ

アーキア	51
青色発光ダイオード	147
アカデミックベンチャー	235,238
アクセル	106,107
アシクロビル事件	187,188,189
アデニン	52
アデノウイルスベクター	107
アデノシンデアミラーゼ	90
アニーリング	69,71
アニール	69,71
アポトーシス	22,23,106,181
アミノ酸	5,20,24,25,26,27,29,33,35,42,57,58,61,71,85,95,160,183
アンティキャンサー社事件	196
アンドロゲン	112
育種	93

異種 DNA	63	還元型大気	25,27
一塩基多型	20,21,99	幹細胞	7,100,101,102
一次代謝物質	35	がん対策基本法	109
遺伝子組換え作物	93,94,95	癌抑制遺伝子	105,106,107
遺伝子診断	19,85,88,108,109,199	技術戦略マップ	113
遺伝子治療	6,7,89,90,91,99,107,209	技術予測調査	20
遺伝病	85,88,89,99	機能性食品	243
医薬および関連物質管理法	242,243	基本特許	152,154,210
インターフェアランス	132,134	ギャップ	54,55
インターフェロン	9,12,107,201,225	キャピタルゲイン	232
イントロン	51,58	キャピラリー	53,72,73,162,163
インパクトファクター	228	キャピラリーシーケンサー	72
インビトロ試験	81,82	キャピラリータイプ	69,75,163
インベーダー法	98,99	共生	36,37
ウイルス	8,15,16,47,51,64,66, 90,91,102,107,230	強制実施権	242
		共生微生物	37
ヴィンクラー	6	拒絶査定	126
ウコン	249	拒絶理由通知	126
エピトープ（抗原決定基）	17	組換え DNA	6,8,62,63,64,65,90
エストロゲン	111	繰り返し配列	53,54,58
エマルジョン PCR	74	クリック	6
エリスロポエチン	9	グリベック	16,20,23
遠隔操作無人探査潜水艇	44	グリホサート耐性遺伝子	95
塩基配列解読手法	52,67,69,71,159	グレース・ピリオド	136
エンジェル税制	233	クレノー酵素	159,163
欧州特許条約	131,155,168,207,208	クローニング	6,8,53,64,229
黄桃の育種増殖法事件	150	クローニング法	6,8
オープンイノベーション	214	クローン技術	11
オープンリーディングフレーム（ORF）	58	クローンヒツジ	6
オーム	82	クロスライセンス	122,170,210
オールドバイオ	5	経済協力開発機構	110
オパーリン	29,33	形質転換	63,156
オンライン出願	125	系統樹	28,30
		ゲノム創薬	18,19,128
か		ゲル	67,72,161
外因性内分泌かく乱化学物質	110	健康保険データベース	87
核酸	25,26,27,35	原生生物	36,37
カロチノイド	35	権利独立の原則	129
癌遺伝子	105,106,107,158,199	コアセルベート	29,33
環境修復技術	113	好圧菌	46
環境ホルモン	110,111,112	抗癌剤	9,99,108

抗原	17,62	自然法則	148,149,150
麹	38	実体審査	125,126
抗体医薬	14,17	自動シーケンサー	53,69,72,73,161,163
公知	135	シトクロム P450	98,99
好熱菌	28,45	ジベレリン	153
酵母	5,38,80	出願公開	125,127,132,133
酵母ツーハイブリッド	112	種の起源	29
公用	135	種苗法	157
好冷菌	46	受容体	15,18,21,97,111,112
コートタンパク	15	ショウジョウバエ	80
国際ヒトゲノム機構（HUGO）	86	消尽論	189
国内優先権	137,139,153	承認 TLO	231,233
コストセンター	211,212	初期胚	100
枯草菌	80	職務発明	142,143,144,145,146,147
コッホ	41	シロアリ	35,36,37
コドン	58	シロイヌナズナ	80
個別化医療	18,20,21,82,96,97,98,99	真核生物	25,51,52,53,58
個別化医療実現化プロジェクト	20,98	新規性喪失の例外	136,137,139
コレギュレータ	112	人工多能性幹細胞	101,168
コンティグ	54,55	スイス型	207
根粒菌	11,37	すくも	40
		スタチン製剤	16
さ		ステルス特許	86
最高経営責任者	217	ストックオプション	217,222,225,232
最高財務責任者	217	スラブゲル	161,162
再生医療	91,92,100,101,102,103, 167,168,170,209	制限酵素	8,63,66,99
細胞死	22,23,106,107	製品評価技術基盤機構・ 特許微生物寄託センター	156
酒	5,38,39	生物化学的プロセス	6
サブマリン特許	132	生物多様性条約	215,241,243,244,249
サンガー法	69,71,159,160	生命の起源	28,29,33
産業活力再生特別措置法	144	生命倫理	167,168
産業技術総合研究所	136,137	赤血球凝集素（HA）	15
産業上の利用可能性	200	先願主義	125,132,135,138
サンゴ	36	先行技術文献	175
シード・リード化合物	13	染色体	20,23,51,79,80,82,90,103,171
ジェネリック医薬品	14,187,188	セントラルドグマ	31
シキミ	34,35	1000 ドルゲノム計画	74
シグナル伝達	21,105	先発明主義	125,132,134,135,138,139
脂質	24,25,27,35	専用実施権	143
次世代シーケンサー	71,72,75,76,223	創薬ベンチャー	236,239

属地主義 ……………………………… 129,134

た
ダーウィン ……………………………………… 29
ターメリック …………………………………… 249
ダイオキシン …………………………………… 113
体外診断薬 ………………………………… 82,83,98
大学発ベンチャー1000社計画 ………………… 232
第二次科学技術基本計画2001年 ……………… 229
耐熱性のDNA合成酵素 ……………………… 160
タキソール ………………………………… 201,202
多段階発癌 ………………………………… 105,109
タミフル ……………………………………… 14,15,16
タンニン ………………………………………… 35
治験 ………………………………………… 102,103
知的財産基本法 …………………………… 119,141
知的財産高等裁判所 …………………………… 123
知的財産戦略本部 ……… 119,124,141,200,205
チロシンキナーゼ ………………………… 20,23
通常実施権 ………………………… 143,198,242
ディスカバリー ………………………………… 134
データベース ……………… 18,20,21,58,61,84,85,87,
96,99,137,226,243
テーラーメイド医療 ………………… 18,97,170
デューク大学事件 ……………………………… 197
デューク大学判決 ……………………… 138,140
当業者 …………………………………………… 151
糖鎖 ……………………………………………… 10
動物愛護法 ……………………………………… 11
トウモロコシ ……………………… 11,12,94,95
独占排他権 …………………… 121,124,156,195,240
トクホ（特保）……………………………………… 12
特許査定 ………………………………………… 126
特許請求の範囲 ………………… 140,173,175,178,183,
184,187,188,189
特許微生物寄託センター ……………………… 156
特許設定登録 …………………………………… 126
特許戦略 ……………………………… 121,122,123,127
突然変異 ……………………… 22,99,105,107,157
ドラッグデリバリーシステム ………………… 108
トランスクリプトーム ……………………… 80,81

トランスファーRNA …………………………… 57,61
トリインフルンザ ……………………………… 15

な
内分泌 ………………………………………… 110
南北問題 ………………………… 215,240,241,242,243
錦鯉飼育法事件 ………………………………… 150
二次代謝物質 ………………………………… 35,37
二次元濾紙電気泳動 …………………………… 68
二重らせん構造 ………………………………… 6
日本DNAデータバンク ……………………… 21,85
2本鎖DNA ……………………………… 66,69,159
乳酸菌 ………………………………… 38,39,41
ニューバイオ …………………………………… 5,6
ノイラミニダーゼ（NA）……………………… 15

は
ハーセプチン ………………………………… 16
ハーバードマウス ……………………………… 158
バイ・ドール法 ……………………… 144,146,231
バイオ・パイラシー …………………………… 249
バイオインフォマテクス ……………………… 7
バイオエタノール ……………………………… 7
バイオコンピューター ………………………… 7
バイオセンサー ………………………………… 7
バイオ創薬 …………………………………… 9,242
バイオテクノロジー ……… 5,6,7,8,9,10,20,101,
112,113,156,172,198,245,247,249
パイオニア発明 ………………………… 169,172
バイオバンク …………………………………… 99
バイオレメディエーション …………………… 7,113
背景技術 ……………………………… 175,176,177
胚性幹細胞 …………………………… 100,102,167
バクテリオファージ ………………………… 63,64
バクテリオロドプシン ………………………… 46
パスツール ……………………………………… 41
八角 …………………………………………… 15
発明の対価 …………………………… 143,147
パテント・プール ……………………… 120,122,170
パトリス ………………………………………… 137
パリ条約ルート ………………………………… 133

ハンチントン病	85	未培養微生物	46,48
ピア・レビュー	227	メタボライト	80
光リソグラフ法	81	メタボローム	81,82
ヒト ES 細胞	103,104,167,168,169,170,171	メタン	24,25,27
ヒトゲノム計画	79,80,81,86	メッセンジャー RNA（mRNA）	31,80
ヒト由来試料	89	メバスタチン	16
平沼プラン	232	免疫グロブリン分子	17
ピロリン酸	73	メンデル	5
ファージ	63,64,66	モノクローナル抗体	17,172
ファースト・アクション	126	物の発明	149
フィトンチッド	35,37		
フェア・ユース	133	**や**	
フェーズ	13,236,237	薬剤耐性	97
フェニルケトン尿症	86	薬物代謝酵素	98
ブタペスト条約	156	ヤング・レポート	119,120
物質特許	120,149,188,195,196	ヤンセン親子	40
プライマー	48,54,69,71,161	有機物	24,25,27,29,31
フラボノイド	35	ユーリー・ミラー	24
ブロックバスター	14	用途発明	151,152,154
プロテオーム	80,81,82		
プロ・パテント	119,123,242	**ら**	
プロフィットセンター	211,212	ライフサイクルマネジメント特許	195
ベクター	8,9,53,62,64,90,91,102	ラムサール条約	241
ベンチャーキャピタル	232	リサーチツール特許	193,194,195,196,215
方式審査	125	リバーストランスクリプターゼ	52
放射性同位元素	32,67,160,163	リピトール	14,16
方法の発明	149,206	リボソーム RNA	57,59,61
ホールゲノムショットガン法	53,55	利用発明	152,154
ポスドク	144,146	レーヴェンフック	40,41
骨太の特許	137	レトロウイルス	102,107
ホモクロマトグラフィー法	68	レポーター遺伝子試験法	112
ポリ A	52	連邦巡回控訴裁判所	197
ポリアクリルアミドゲル	69,70,72,160,161	ロイヤリティ	122,145,249
翻訳	58	ロドプシン	46
ま		**わ**	
マイクロ RNA	82	ワクチン	12
マクサム・ギルバート法	68,69,70,160	ワシントン条約	241
マテリアルトランスファー契約	196	ワトソン	6
慢性骨髄性白血病（CML）	20,23		
ミーシャ	6		

[編著者]

森　康晃（もり　やすあき）
早稲田大学創造理工学部　知財・産業社会政策領域教授（2010年4月より（兼）大学院創造理工学研究科経営デザイン専攻教授）
1977年より通産省において基礎新素材対策室長等，1994年〜97年　日中経済協会・日中投資促進機構北京事務所長，中国日本人商工会議所副会頭として北京駐在．2003年より早稲田大学教授．専門は知的財産，産学連携，中国産業政策．主な発表論文として，日本経済新聞経済教室「中国の産業政策」（1994年），日経ビズテック「キルビー特許」（2005年），日本知財学会「デジタル音楽コンテンツビジネスの知財権利構造と将来の課題」（2009年），早稲田大学人文社会科学研究「iPS細胞の特許と日本のバイオ・イノベーションの方向性について」（2009年）等がある．

[著者]（五十音順）

秋元　浩（あきもと　ひろし）
知的財産戦略ネットワーク（株）代表取締役社長
1970年東京大学薬学系研究科博士課程修了，米国ペンシルヴェニア大学研究職員を経て1972年武田薬品工業（株）入社．1992年創薬第三研究所所長，1994年同社知的財産部長，2000年取締役，2003年常務取締役に就任，同社の科学・技術・知財を統括．2008年日本製薬工業協会知的財産顧問，バイオインダストリー協会知的財産委員会委員長，東京大学大学院客員教授など5大学の教授に就任．総合科学技術会議知的財産戦略専門調査会，産業構造審議会新成長政策部会及び知的財産政策部会の各小委員会，文部科学省産学官連携推進委員会，知的財産研究所理事，ＡＩＰＰＩ理事，日本薬学会監事などの委員・役員を歴任あるいは就任．関連論文総説講演など300件以上．

河原林　裕（かわらばやし　ゆたか）
独立行政法人・産業技術総合研究所，セルエンジニアリング研究部門，グループ長
独立行政法人・新エネルギー産業技術総合開発機構，バイオテクノロジー医療開発部，主任研究員　静岡大学理学部卒業，京都大学大学院理学研究科生物物理専攻修了（京大理博）　東北大学遺伝子実験施設助手，かずさDNA研究所主任研究員，通商産業省工業技術院生命工学工業技術研究所（現・産業技術総合研究所）主任研究官，製品評価技術センター（独・製品評価技術機構）DNA解析技術調整官併任（1996-2002年）
専門は，微生物特に超好熱古細菌のゲノム解析，ゲノム解析情報を利用した新規タンパク質の生化学的解析及び産業応用．

木山　亮一（きやま　りょういち）

独立行政法人産業技術総合研究所　脳神経情報研究部門・主任研究員

東京大学理学部卒業，同大学院博士課程終了（理学博士，1987年），米国国立衛生研究所博士研究員，東京大学助手，同助教授を経て，通産省工業技術院生命工学工業技術研究所主任研究官，改組により現在に至る．この他，千葉工業大学客員教授，国立遺伝学研究所客員教授，早稲田大学客員教授，人事院国家公務員試験専門委員，科学技術振興機構大学発ベンチャー創出推進アドバイザーなどを併任．

専門は，高等動物の分子生物学（DNAの構造と機能など），細胞生物学（癌のシグナル伝達など），バイオテクノロジー（DNAチップなど）．論文総説の数は100報を超える．

高島　一（たかしま　はじめ）

高島国際特許事務所所長　弁理士（特定侵害訴訟代理業務付記），薬剤師

武田薬品工業株式会社特許部（現　知的財産部）にて，知的財産業務に従事，その間1971年に弁理士試験合格．1980年に高島国際特許事務所を設立し現在に至る．

専門は，化学，バイオ，医学，薬学，材料工学，半導体，電子機器，通信工学等多域に亘る．多数の大学（特に，医学部，付属病院），国立研究所，企業にて講演．日本弁理士会，アジア弁理士会，ＡＩＰＰＩ，関西特許研究会に所属．

バイオ知財入門
―技術の基礎から特許戦略まで―

2010年2月20日　第1版第1刷発行

編著者　　森　康晃
©2010 Yasuaki Mori

発行者　　高橋　考
発　行　　三和書籍

〒112-0013　東京都文京区音羽2-2-2
電話 03-5395-4630　FAX 03-5395-4632
sanwa@sanwa-co.com
http://www.sanwa-co.com/
印刷／製本　モリモト印刷株式会社

乱丁、落丁本はお取替えいたします。定価はカバーに表示しています。
本書の一部または全部を無断で複写、複製転載することを禁じます。

ISBN978-4-86251-071-6　C3060

三和書籍の好評図書

生物遺伝資源のゆくえ
知的財産制度からみた生物多様性条約

森岡一 著
四六判　上製　354頁　定価：3,800円＋税

●生物遺伝資源とは、遺伝子を持つすべての生物を表す言葉であり、動物や植物、微生物、ウイルスなどが主な対象となる。漢方薬やコーヒー豆、ターメリックなど多くの遺伝資源は資源国と先進国で利益が鋭く対立する。その利益調整は可能なのか？　争点の全体像を明らかにし、解決への展望を指し示す。

【目次】
第1部　伝統的知識と生物遺伝資源の産業利用状況
第2部　生物遺伝資源を巡る資源国と利用国の間の紛争
第3部　伝統的知識と生物遺伝資源
第4部　資源国の取り組み
第5部　生物遺伝資源の持続的産業利用促進の課題
第6部　日本の利用企業の取り組むべき姿勢と課題

知的資産経営の法律知識
—知的財産法の実務と考え方—

弁護士・弁理士／影山光太郎著
A5判　並製　300頁　2,800円＋税

●本書は、「知的資産経営」に関する法律知識をまとめた解説書です。「知的資産経営」とは、人材、技術、組織力、顧客とのネットワーク、ブランドなどの目に見えない資産（知的資産）を明確に認識し、それを活用して収益につなげる経営を言います。本書では、特許権を中心とした知的財産権を経営戦略に利用し多大の効果が得られるよう、実践的な考え方や方法・ノウハウを豊富に紹介しています。

【目次】
第1章　知的財産権の種類
第2章　知的財産権の要件
第3章　知的財産権の取得手続
第4章　知的財産権の利用
第5章　知的財産法と独占禁止法
第6章　知的財産権の侵害
第7章　商標権及び意匠権の機能と利用
第8章　著作権の概要
第9章　不正競争防止法
第10章　その他の知的財産権
第11章　産業財産権の管理と技術に関する戦略
第12章　知的財産権を利用した経営戦略
第13章　知的財産権の紛争と裁判所、b弁護士、弁理士
第14章　知的財産権に関する国際的動向